U0001909

科學革命的啟程

漫畫STEAM科學史④

中小學新課綱必備科學素養
奠定國高中理化基礎

鄭慧溶 Jung Hae-yong ── 著
辛泳希 Shin Young-hee ── 繪
鄭家華 ── 譯

【漫畫STEAM科學史4】
科學革命的啟程，奠定國高中理化基礎
（中小學生新課網必備科學素養）

作　　者：鄭慧溶（Jung Hae-yong）
繪　　者：辛泳希（Shin Young-hee）
譯　　者：鄭家華
總 編 輯：張瑩瑩
主　　編：謝怡文
責任編輯：林曉君
校　　對：林昌榮
封面設計：彭子馨（lammypeng@gmail.com）
內文排版：菩薩蠻數位文化有限公司
出　　版：小樹文化

讀書共和國出版集團

社　　長：郭重興　　　　　　　實體通路協理：林詩富
發行人兼出版總監：曾大福　　　網路暨海外通路協理：張鑫峰
業務平臺總經理：李雪麗　　　　特販通路協理：陳綺瑩
業務平臺副總經理：李復民　　　印務經理：黃禮賢
　　　　　　　　　　　　　　　印務主任：李孟儒

發　　行：遠足文化事業股份有限公司
　　　　　地址：231新北市新店區民權路108-2號9樓
　　　　　電話：(02) 2218-1417 傳真：(02) 8667-1065
　　　　　客服專線：0800-221029
　　　　　電子信箱：service@bookrep.com.tw
　　　　　郵撥帳號：19504465遠足文化事業股份有限公司
　　　　　團體訂購另有優惠，請洽業務部：(02) 2218-1417分機1124、1135

法律顧問：華洋法律事務所 蘇文生律師
出版日期：2016年05月01日初版首刷
　　　　　2020年05月27日二版首刷

國家圖書館出版品預行編目(CIP)資料

漫畫STEAM科學史 4: 科學革命的啟程，奠定國高中理化
基礎 / 鄭慧溶著；辛泳希繪；鄭家華 譯 – 二版. -- 臺北市：
小樹文化出版：遠足文化發行, 2020.05　面；　公分. --
（漫畫STEAM科學史；4）

ISBN 978-957-0487-27-5(平裝)
1.科學 2.歷史 3.漫畫

309　　　　　　　　　　　　　　109002889

* 初版書名：《「漫」遊科學系列 4：星空的奧秘》

線上讀者回函專用QR CODE
您的寶貴意見，將是我們進步的
最大動力。

立即關注小樹文化官網
好書訊息不漏接。

目錄

科學家小檔案

姓　　名：弗朗西斯・培根
生 卒 年：西元1561～1626年
出 生 地：英國
主要領域：哲學
著名思想：提倡歸納法、科學樂觀主義
　　　　　的先驅

姓　　名：勒內・笛卡兒
生 卒 年：西元1596～1650年
出 生 地：法國
主要領域：哲學
著名思想：提倡演繹推理法、提出「動
　　　　　量守恆定律」、「慣性定律」

姓　　名：第谷・布拉赫
生 卒 年：西元1546～1601年
出 生 地：丹麥
主要領域：天文學
著名思想：折衷調整「地心說」與「日
　　　　　心說」

姓　　名：克卜勒
生 卒 年：西元1571～1630年
出 生 地：德國
主要領域：數學、天文學
著名思想：提出「橢圓定律」、「面積
　　　　　定律」及「週期定律」、著
　　　　　有《宇宙的奧祕》

姓　　名：伽利略

生 卒 年：西元1564～1642年

出 生 地：義大利

主要領域：數學、天文學、物理學

著名思想：著有《星際信使》、《天文對
　　　　　話》、《兩門新科學的對話》

姓　　名：約翰‧赫維留

生 卒 年：西元1611～1687年

出 生 地：波蘭

主要領域：天文學

著名思想：著有《月球地圖》、《彗星
　　　　　地圖》

姓　　名：威廉‧吉爾伯特

生 卒 年：西元1544～1603年

出 生 地：英國

主要領域：醫學、物理學（磁學）

著名思想：「磁學之父」、發現地球磁
　　　　　性、著有《磁鐵》

姓　　名：西蒙‧斯蒂文

生 卒 年：西元1548～1620年

出 生 地：比利時

主要領域：數學、物理學（力學）

著名思想：提出合力理論、發現斜面定
　　　　　律、著有《水重量原理》

姓　　　名：托里切利

生　卒　年：西元1608～1647年

出　生　地：義大利

主要領域：哲學、數學

著名思想：實驗證明真空存在、提出
　　　　　「托里切利定理」

姓　　　名：巴斯卡

生　卒　年：西元1623～1662年

出　生　地：法國

主要領域：哲學、數學

著名思想：提出「巴斯卡定理」、「巴
　　　　　斯卡三角形」

姓　　　名：奧托‧馮‧格里克

生　卒　年：西元1602～1686年

出　生　地：德國

主要領域：物理學

著名思想：馬德堡半球實驗

姓　　　名：惠更斯

生　卒　年：西元1629～1695年

出　生　地：荷蘭

主要領域：天文學、物理學

著名思想：發明鐘擺、提出「惠更斯原
　　　　　理」

科學理論補給站

科學家	重要理論	解釋	頁次
克卜勒	第一定律「橢圓定律」	行星以橢圓軌道繞太陽運轉，太陽為橢圓的焦點之一。	第73頁
	第二定律「面積定律」	行星和太陽相連的直線，在相同時間內掃出相同的面積。	第74頁
	第三定律「週期定律」	行星繞太陽公轉週期的平方，與行星運行橢圓軌道半長軸的立方成正比。	第76頁
西蒙・斯蒂文	水重量原理	容器底部所受液體的壓力，與液體的深度或接受壓力的表面積有關，與容器的形狀無關。	第119頁
	平行四邊形法則	在物體施加兩個不同方向的力，沿著兩個力畫出平行四邊形，對角線為合力的方向及大小。	第121頁
	斜面定律	在直角三角形兩個斜邊各掛一顆小球，若兩顆球達成平衡，球的重量與斜邊長度成正比。	第122頁
托里切利	托里切利定律	在只有單一出水孔的容器中放入液體，從水面到水孔的高度及重力加速度，可計算液體從水孔流出的速度。	第151頁

孕育中的科學革命：
近代科學發展的基石

發現新大陸之前，歐洲是一個封閉的社會。

當然，十字軍的遠征除外。

這一時期的歐洲從未向外擴張過領土。

這個時期開始向外擴張。

據說那裡有堆積如山的金銀財寶。

真的？

於是，歐洲短時間內征服了非洲和東南亞。

歐洲從1490年開始大舉向外擴張領土，僅僅經歷了二、三十年。

許多人看到國家的強大，以及士兵從外地帶回來的奇珍異寶，都志願去殖民地當探險家。

這一時期的歐洲國家內部也發生了些許變化。

在歐洲，教皇的權力神聖不可侵犯。

教皇無論去哪裡都用拉丁語與人溝通，還會有神職人員隨行。

而相同的宗教促使歐洲各國成為了共同體。

★茨溫利教派：16世紀瑞士宗教改革教派。
★再洗禮教派：16世紀瑞士較激進的宗教改革教派。

雖然反對馬丁・路德宗教改革的意見很多，

但天主教的宗教改革，也是以基督教人文主義為基礎進行的道德性運動。

這兩種宗教改革帶來了許多進步。

新教徒宗教改革

天主教宗教改革

這時，歐洲政治、文化中心由地中海轉到了大西洋沿岸。

與殖民地的交流越來越多，大西洋沿岸的港口地區也跟著發展。

這是因為英國、法國受宗教戰爭的影響較小，國家內部也較穩定。

倫敦

大西洋

巴黎

地中海

那時的大學被認為是「基礎教育」。

教學內容往往不重視實用性，

而是主要學習上層社會使用的拉丁語或作文等科目。

希臘語

拉丁語

作文

這時期的學習風氣比任何時候自由，

我們不會向任何思想和權位低頭！

沒錯！

為了學習知識，我們要傾聽內心最初的聲音！

對！

更強調學問的實用性。

我們所學的知識如果對生活毫無幫助，還有什麼價值？

對啊！對啊！我們不需要抽象的智慧。

從現在開始，我們的學習目標就是要恢復人類的地位。

學習目的改變顯示了時代變換的過程。

提供了自然主義知識論發展的機會。

想要從共同體、專制主義中擺脫出來的個人主義思想，

隨著時代變遷，君主專制國家開始依法治國，

學習的範圍也從「自然原理」的概念轉為尋找「自然的規則」。

自然的規則

在這樣的學習氛圍中，

經濟變化

科學發展

政治變化

科學革命開始萌芽。

也就是說，科學脫離神祕的魔術或神的領域，找到原本的面目。

掃啊，掃～

神祕　魔術

科學革命
實驗
理論

經驗論vs.
唯理論

文藝復興時期興起的實驗科學逐漸得到多數人認可，並加以發揚光大。

但是最初，大多數人對這種新科學的價值仍不夠了解。

透過實驗，有的人會從中產生興趣，但還是無法用理論來說明。

沒有理論的實驗結果是無法應用到知識中的。

最終也只是知道「方法」而不知道「原理」。

加上能夠覺察到新科學潛力的人少之又少。

怎麼會沒有呢？不是還有我嗎！

咳，真是的。當然會介紹你了。

覺察力強的人大概都是哲學家吧。

啊哈，終於介紹我了。

先照張相！笑一個！

勒內·笛卡兒
（西元1596～1650）

弗朗西斯·培根
（西元1561～1626）

他們都被新科學吸引。

我是真的很喜愛科學。你知道為什麼嗎？

新科學能夠解釋事物的普遍性，更易於應用，這樣的科學有誰不喜歡呢？

不是！不是！我喜歡的原因不只這樣！

看來，你從來沒有戀愛過吧？

我是說，就像你愛上某件事，就會想要稱讚它。

我來做個示範吧。

首先，我們來看一下科學的發展。你知道印刷術、火藥和指南針吧？

這些發明是不是一種奇蹟呢？運用的科學理論比古希臘時期先進多了。

技術上，印刷術比紙筆記錄艱深。

這個時代的科學已經有過去沒有的新理論。

所以說，如果能夠善用科學，就能改善生活，讓生活更豐富。

科學

由此判斷，科學可以幫助人類進步。

這是我寫的書，內容是想像用科學建立的烏托邦。

新亞特蘭提斯

科學技術會改變我們的世界，運用科學可以製造出在天空飛的機器、人工控制的雨，或許還會製造出合成的金屬呢。

真是多采多姿的未來。

那麼，我們該如何運用近代科學呢？

透過實驗？絕對不是！答案就在哲學之中。

你問為什麼？因為我是哲學家。

他們找到了哲學與科學之間的關係。

哲學應該把握人類從自然中所獲取的知識，並證明它。

喂！你能說得簡單一點嗎？

我們應該知道，這時代的科學有什麼優勢吧？那就是處理問題的方法已經改變了。

對吧？

在近代科學的籌備階段，他們的熱情就被激發了。

我們首先要做的是研究科學的方法，並廣泛應用。

當然，我們應該刺激新科學，並指示發展的方向。

科學方法基礎

然而，對實驗科學所產生的分歧讓他們開始對立。

新科學最好的一點就是認為經驗是最重要的。

中世紀的學者因為不認同經驗，都以失敗告終。

嗯？不是的。

經驗

是經院哲學家★無法保持理性，才會以失敗告終。

而能與中世紀的錯誤相抗衡的，只有正確、冷靜的理性了。

冷靜的理性

中世紀的錯誤

★經院哲學：8～17世紀在中世紀歐洲興起，以神學為中心的哲學。

獲取知識時，經驗只會成為障礙。

你說什麼？

反正我們只需要理性就可以了。

你說什麼！才不是這樣！是經驗！經驗！

像這樣的認知差異，就是「經驗論」和「唯理論」。

經驗論

唯理論

哼！

你們消消氣，冷靜一下。

那麼就讓我聽聽你們的想法吧。

好啊，好啊！我先來！

哼！隨你便！

我要告訴你為什麼經驗是最重要的。

我決定採用一般的科學方法。

首先,需要找出宇宙中所有現象的原因。

也就是用科學來理解自然。

就像做飯時需要知道所有食材的特性,

我現在就是用科學製作自然料理。

科學

重要的是下定決心找出自然現象發生的原因。

但是,有些事物即使知道發生的原因也沒什麼用。

這個要用在哪裡呢?

例如石頭可以用來煮粥,問題是不能吃啊。

雖然大多數有用的自然現象,其原理都已經為人所知,

不過也只知道它們的性質或形態的變化。

這些原理是長期累積的經驗,也是科學的泉源,十分寶貴。

礦石　　　　　被熔化後　　　　　經過錘煉　　　　　變成了實物

我選擇了其中130種具有研究價值的主題，

下定決心蒐集相關資料，並制定計畫。

如果能夠蒐集到比老普林尼★的《博物志》多六倍的資料，我就可以了解所有的自然現象了。

《博物志》
老普林尼著

蒐集資料時須按順序。首先要知道自然現象是從哪裡來、如何發生的……

★老普林尼：古羅馬時期最有代表性的百科全書作者。（請參考第二冊第56頁）

例如我們在研究熱的時候，

首先要了解熱是從哪裡發生的。這時你會不會聯想到火或是太陽光呢？

我們需要蒐集火或太陽光能夠產生熱的例子。

肯定事例

那麼，什麼是「否定事例」呢？聰明的人或許開始思考了。

否定事例

否定事例是指不會發生這種現象的情況，

例如，月光、空氣、水等都不會產生熱，因此我們就把這些事例都記錄下來。

因此，也會產生一些相互比較的事例。

動物的運動狀態不同，產生的熱量也不一樣；摩擦產生的熱也會因運動強度而不同，我們需要蒐集類似的經驗。

運動前

運動後→產生熱

輕微的摩擦

強烈的摩擦→產生熱

蒐集這些事例，透過假說和實驗，取其精華，之後再反覆研究，就會獲得有用的科學知識。

科學　知識

用假說來進行實驗

被排除的事例

用假說來進行實驗

被排除的事例

用假說來進行實驗

各　式　各　樣　事　例

我把這種階段式的方法稱為「知識的階梯」。

用這種方法研究熱，結果是……

運動

熱的本質與運動息息相關，因為進行某種形式的運動便會產生熱。

25

啊，不過我可不是經驗主義者。

經驗

我認為如果沒有原則，只用觀察來思考問題，結果會很奇怪。

觀察和蒐集資料的原則是什麼呢？那就是我們需要注意的四大偶像。

四大偶像

偶像？什麼意思？

嗯？你不知道偶像是什麼嗎？

「偶像」是指像神一樣被人們崇拜的人或物。

崇拜偶像的人，常會做出一些令人難以理解的事情。

在蒐集資料的時候，我們經常會產生偏見或是先入為主的想法。

偏見

我把這種偏見或是先入為主的想法稱為偶像，並分為四種。

偶像
偶像
偶像
偶像

第一種是「種族偶像」。

我來說說作為人類的我們對種族的偏見。

人類總是喜歡以自我為中心。

相信你們都聽過類似這樣的話：「花兒對著我笑呢！」

花兒對著我笑了嗎？是這樣嗎？或許不是喔。

……

「大海在哭泣！」

「蝴蝶在翩翩起舞。」這些都是詩意的描述，事實上蝴蝶並沒有跳舞呀。

只是飛到想去的地方而已。

對吧？……

對！

人類這種擬人化的想法，就稱為種族偶像。

第二種是「洞穴偶像」。

啪啦啪啦

如果有人一生都生活在洞穴裡，他會認為整個世界都是黑暗的。

就像井底之蛙。

像這樣，因個人環境而產生錯誤的判斷，就稱為洞穴偶像。
第三種是「市場偶像」。
人們在市場不只是購買物品，
也會與其他人聊天。我把這種現象稱為市場偶像。
聽說某某家的孩子當上班長了。
是嗎？我聽說他家孩子成績不怎樣啊……
呵呵
在交談中會有一些負面的表達。
原來他兒子只不過是當了衛生股長啊！
還有一種情況，那就是道聽塗說，還由此產生偏見。
呃，聽說世上有鬼！
聽說某某家的爸爸也看見了。
真的嗎？
最後是「劇場偶像」。這是指我們在觀看話劇時，
雖然不是真正發生的事，但是在觀看時太入戲而受到影響。
啊，可惡，那傢伙把主角殺死了！
你這個壞蛋！
話劇只是表演，你可別當真了。

透過舞台傳達的原則、學說、傳統的偏見，就稱為劇場偶像。

因當時名人的話和《聖經》都被認為是真理，所以一直無法跳脫「地心說」。

所以，我們增進知識時，一定要注意這四種偶像。

為了得到正確的實驗結果，我們應該相互幫助。

可是在當時，人們並不期待在學問中獲得什麼。這是因為過去不太看重經驗。

我們如此關心自然，又能從中獲得什麼呢？

為什麼要問我？

難道不是嗎？亞里斯多德？

科學家只有從經驗出發，才能發現自然的真面目。

只有把這樣的知識都積累下來，科學才會進步。

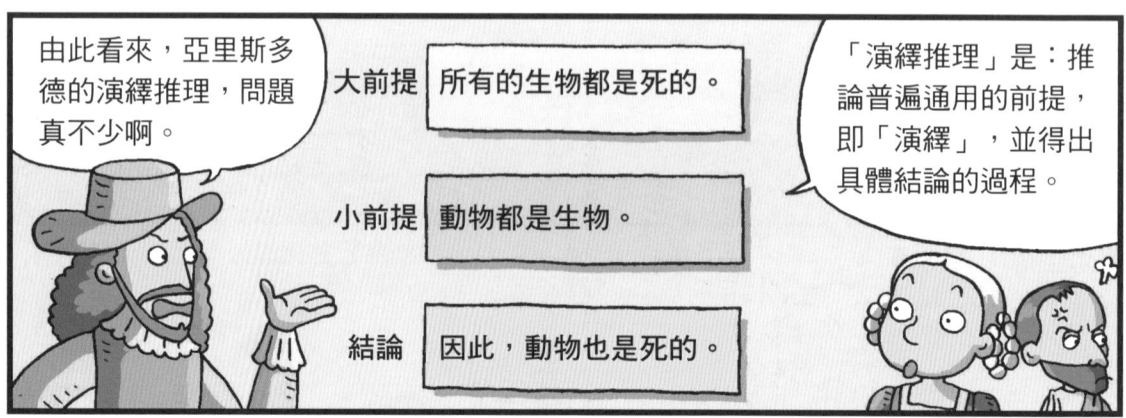

由此看來，亞里斯多德的演繹推理，問題真不少啊。

大前提	所有的生物都是死的。
小前提	動物都是生物。
結論	因此，動物也是死的。

「演繹推理」是：推論普遍通用的前提，即「演繹」，並得出具體結論的過程。

只用推理使知識合理化確實太倉卒。

比起數學中的精確答案，希臘的科學更注重合理的推理。

如果用「演繹」推理基礎知識，必須有大前提存在，結論才會成立。

演繹推理

知識　知識　知識

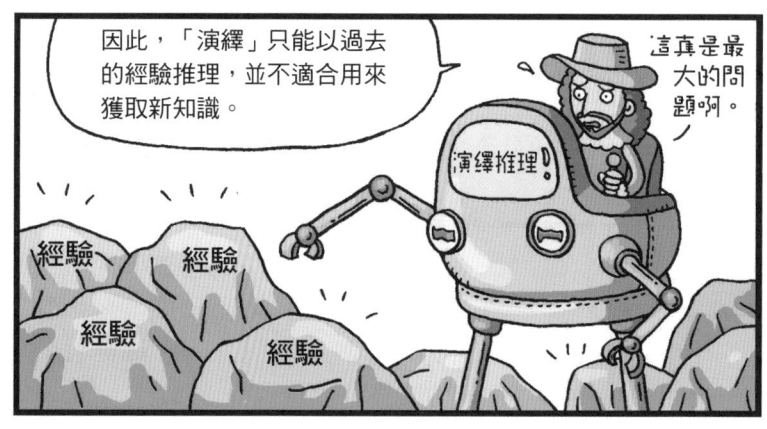

因此，「演繹」只能以過去的經驗推理，並不適合用來獲取新知識。

這真是最大的問題啊。

演繹推理

經驗　經驗　經驗　經驗

再加上，亞里斯多德沒有正確運用各種科學術語。

如果一個詞彙有多種含義，就有可能出錯。

看吧！說話一定要小心，不然會傷害別人。

我覺得你才應該注意一下說話的方式。

看似是合理，結果卻是不合理的。

肉眼看不到原子。 ○

所有的物體都由原子構成。 ○

所以肉眼看不到所有的物體。 ✕

哎呀，怎麼會這樣呢？

所以，演繹推理並無法幫助科學發展。

演繹推理是有問題，但也不是全部……

那麼你會使用哪一種推論方法呢？

我？我當然是從經驗中獲得科學原理啦。

那就是「歸納法」！

「歸納法」就像左邊的例子，是從經驗中找出共同點，按照普遍通用的原則做出結論的方法。

大象、獅子、魚和人都是死的。

大象、獅子、魚和人都是動物。

動物

所以，所有動物都是死的。

人類不是期望某些現象或事情重複發生嗎？

例如太陽每天早上都會升起、白天和黑夜反覆更替等。

沒錯沒錯

但是，如果要找到這些現象存在的原因……

當然要依靠歸納法來解決問題啦。

其實，我們已經在很多地方使用歸納法了。

即使不能馬上確認歸納法得出的結論是真理，

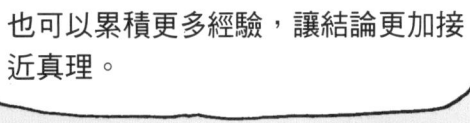

也可以累積更多經驗，讓結論更加接近真理。

結論

結論

這就是培根的經驗論。

你現在明白我為什麼要強調經驗了吧？

明白了，但是……

剛剛你是不是過度批判亞里斯多德了？

什麼？

身為亞里斯多德的信徒，雖然演繹推理與「經驗」漸行漸遠……

但是亞里斯多德提出「歸納－演繹」推理方法時，也曾把觀察證據當作第一原理。

對啊，你怎麼可以全盤推翻！

呃。

而且，如果也像追究演繹推理那樣研究歸納法，

歸納法其實也有不合理的地方。

哦？你說什麼？

嗯，比如說沒有關係的狀況接連發生，有時也會被視為因果關係。

你看！烏鴉起飛，樹上的梨子就掉了下來。

嘎嘎

雖然歸納法在強調經驗和實踐方面有其優勢，

但是為了做實驗用演繹法進行推理，只會得出假設的結果。

而有創造力的科學家常會直覺的依靠演繹法進行推理。

這兩種方法各有優缺點，所以現代科學家常兩者一起使用。

演繹推理　歸納法

還有，培根啊，你也有些問題。

什麼？

你不但不理解當時科學家的研究成果，

哼！

更不注重數學。但是在科學研究中，數學很重要啊！

數 學

在發表科學原理或者科學方法上，也不夠努力。

別人要是這麼做，你還指手畫腳。

所以在自然科學領域並沒有卓越的發現。

呃……

好吧，我失敗了！即使我是科學領域的哲學家也……

也未能完成著作《偉大的復興》。

偉大的復興

未完成

本來我想強調歸納法的優點，

把科學的方法論都收錄在這本書中……

你是不是太貪心了？

李奧納多·達文西

我是不是太嚴厲了？

都怪我運氣不好。勉強升了職，卻被發現受賄而遭到解僱，真是倒楣。

你有什麼好委屈的？

培根

正因為如此，你才有更多時間研究啊。

有時，腦袋一有想法，不論當時在做什麼，就會飛奔回去做實驗。

聽說把肉放到冰冷的雪中就不會腐爛，於是我馬上去買雞肉，把雞肉埋進雪裡……

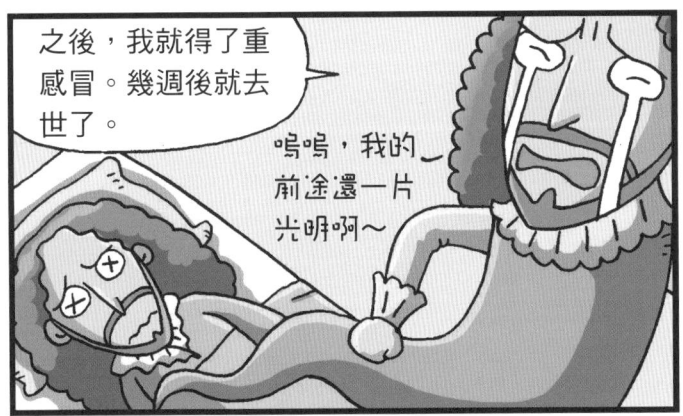

之後，我就得了重感冒。幾週後就去世了。

嗚嗚，我的前途還一片光明啊～

加油，培根！雖然你的目標沒有實現，但是對後人的影響很大。

真的？

是的，因為你強調科學的力量，所以被後人稱為「科學樂觀主義的先驅」。

但實用主義科學觀也並不全是好的。

在19世紀，歸納法在整理資料時派上了用場。

這就是我所期望的。

35

我的夢想就是盡量蒐集資料和大家一起研究。

因為,今後的科學不再像亞里斯多德時期那樣……

我又怎麼啦?

我們不能只依靠一個天才的創意。

我們需要找到更多資料,

相互交流討論、探討結果。這多麼讓人振奮啊!

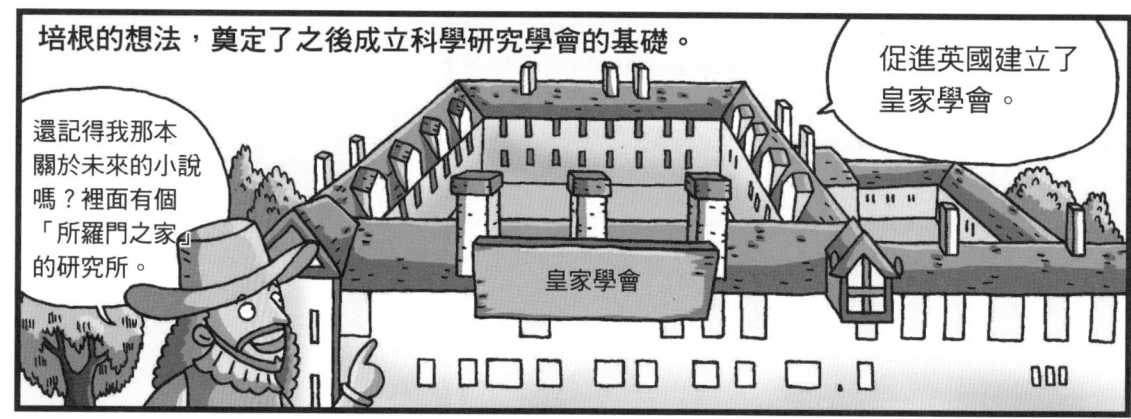

培根的想法,奠定了之後成立科學研究學會的基礎。

促進英國建立了皇家學會。

還記得我那本關於未來的小說嗎?裡面有個「所羅門之家」的研究所。

皇家學會

培根的學問在當時沒有得到認可,

首先要多蒐集資料。

所有時代的資料嗎?

討厭

詹姆斯一世

反而為下個時代建立學會奠定了基礎。

真是事事不順啊。那時即使幫助了國王,我遠大的計畫也……

你是不是太多怨言了?

好了，你是不是等很久了？現在讓笛卡兒來說。

咦？到哪去了？

哎呀！你怎麼可以在這裡睡覺？

對啊，別人正在跟你說話呢，你怎麼可以這樣！

嗯？結束了嗎？真是太久了啊！

據說笛卡兒小時候身體很不好。

有時上課聽著聽著就會睡著。因為我很聰明，大家都不會計較。

許多研究也是躺在床上完成的。

所以，接下來有關我的故事，我也想在床上講。請大家諒解。

哪來的床啊？

比培根晚35年出生的笛卡兒，

出生於貴族家庭，一生衣食無憂。

雖然從小就獲得了良好的教育……

20歲從學校畢業後，他多少有些失意。

為什麼？失戀了嗎？

我就知道你不懂我！

我為什麼會感到失意呢？因為我覺得有些知識並不確實。

科學、歷史、哲學、神學，無論是哪一種學問都沒有確實的理論。

確實的理論只有幾個數學真理。

數 學

然而，我的眼裡卻只有這個。

這是什麼？不是廢紙桶嗎？

廢紙桶

才不是廢紙，這可是精華呀。這就是你認為沒用的演繹推理。

我到現在還是那樣認為的。

呼呼

演繹推理法

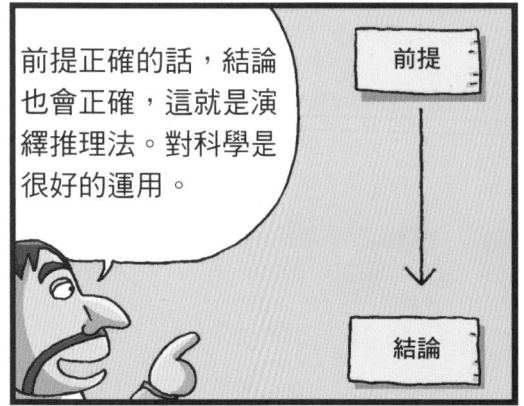

前提正確的話，結論也會正確，這就是演繹推理法。對科學是很好的運用。

前提

↓

結論

但如果前提不正確，結果不就全部泡湯了嗎？

呵呵，是啊。所以為了得到正確的前提，我想出了「懷疑的方法」。

懷疑的方法？

用一句話說就是：只要有任何疑點，結論就會被全盤否定。

其實，世界上所有的物質都會讓人懷疑。譬如說，我看到的這個蘋果真的是紅色的嗎？

是不是只有人的眼睛，還是只有我的眼睛看這個蘋果時是紅色的？

又比如說，這個東西真的是蘋果嗎？到底什麼才是真實的呢？

抱著懷疑的態度，讓我們拋棄依靠感覺的外部世界吧！

拋棄這個

外部世界

那些彆腳的哲學和學問都應該被拋棄。

這個也要扔掉!

你這傢伙!如果都像你這樣懷疑來懷疑去,這個世界還會剩下什麼?

不,也有例外。不過只有一個。

是什麼呀?

那就是處處懷疑的我。無論從哪裡看,都是真實的。

所以我提出「我思故我在」的哲學思考,成為演繹推理法的基礎。

真的很有名啊!

喔,是嗎?

同時,出現了這個結論:「思」就是對自己的想法付諸行動。

所以說,自己的思想是最安全的。

因此,精神或者思想是確實存在的。

精神

然而,精神中還存在著自己本來所認識的神,

神

精神

你們肯定聽說過「神創造了宇宙萬物」的觀點吧。

這個世界如果把神摒除在外，

就只剩下「精神」和「物質」了。

精神　　物質

精神和物質之間並沒有關聯，而是相互獨立的。

精神

物質

啊！

這部分要認真聽哦。

之前，物質和精神並沒有被完全分開。

精神

物質

只有亞里斯多德★提出：物體是由物質和精神結合而成的，因為精神的作用，才使物體產生運動。

是啊！

★關於亞里斯多德的故事，請參考第一冊第174頁。

但是，如果混淆了精神和物質，無論研究什麼事情都會難上加難。

笛卡兒分離了精神與物質，是近代「唯物論」★的開拓者。

這是為了研究物質而產生的。

物質

★唯物論：哲學理論，主張物質是世界唯一真實的本體。

人又去哪了？

又睡了。一岔題就想睡啊。

你真是太過分了。

結束了嗎？體力不支啊……對了，妳講到哪裡了？

我說到精神和物質是相互獨立的。

對啊！但是，世上只有一種事物是結合精神和物質的。

那就是人類。其他的動物是沒有精神的。

那麼，物體沒有精神怎麼運動呢？當然是神在創造物體時就賜予它能夠運動的能力。

宇宙就像被上緊發條的機械時鐘，運動能力與其他時鐘相同。

宇宙的發條是神擰緊的，所以會不停的運動下去。

這就是笛卡兒的機械論世界觀。

讓我們來整理一下：物質世界與精神無關。

精神

理性

笛卡兒主張用理性進行哲學思考，並認為宇宙是一台按照上帝的物理定律運行的機器。

笛卡兒在這樣的機械論世界觀中發現了一些物理法則。

如上所述，神在創造天地萬物時賜予宇宙運動的能力，

之後神就再也沒有干涉，神賜予的運動可以稱為「自然法則」。

所以，我們的世界是根據宇宙法則建造的，

今後也會和現在一樣。

笛卡兒的機械論世界觀適用於人類和動物。

仔細觀察牠的運動……

人類和動物的骨骼和肌肉相互作用，做著精確的運動。

這樣的運動就跟宇宙的運動一樣。宇宙又大又精確，就像是巨大的時鐘。

以此類推，動物也屬於精確的機械裝置。

例如，往身體各個部位輸送血液的心臟，像不像發動中的馬達？

哎呀，請不要發出這樣的聲音啦！

啵啵～

還有，只有人類才具有的「精神」！

因為人類有一個特有的器官，就是大腦後方的「松果體」。

這個器官匯聚著精神，使精神與物質相遇。

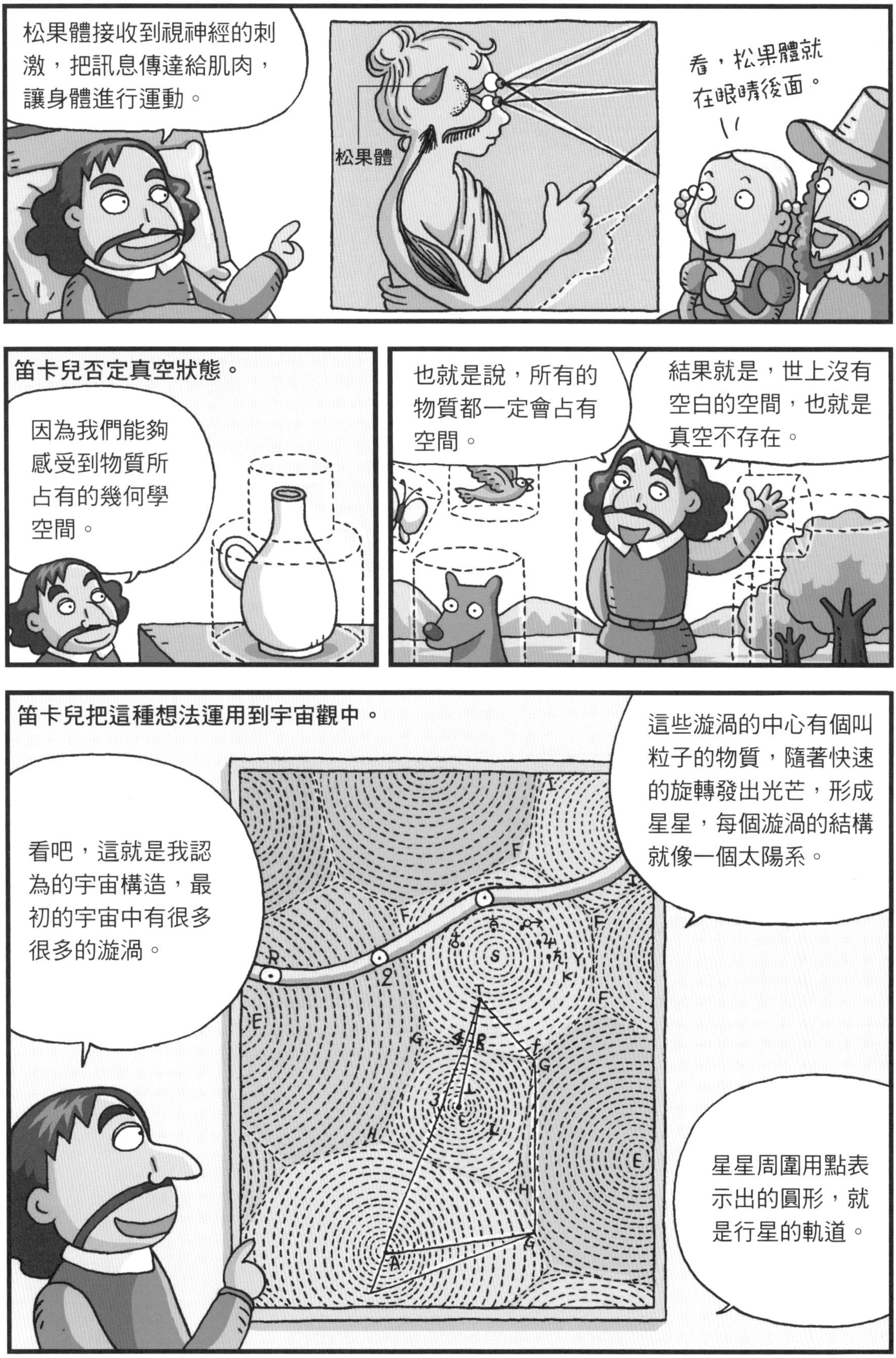

松果體接收到視神經的刺激，把訊息傳達給肌肉，讓身體進行運動。

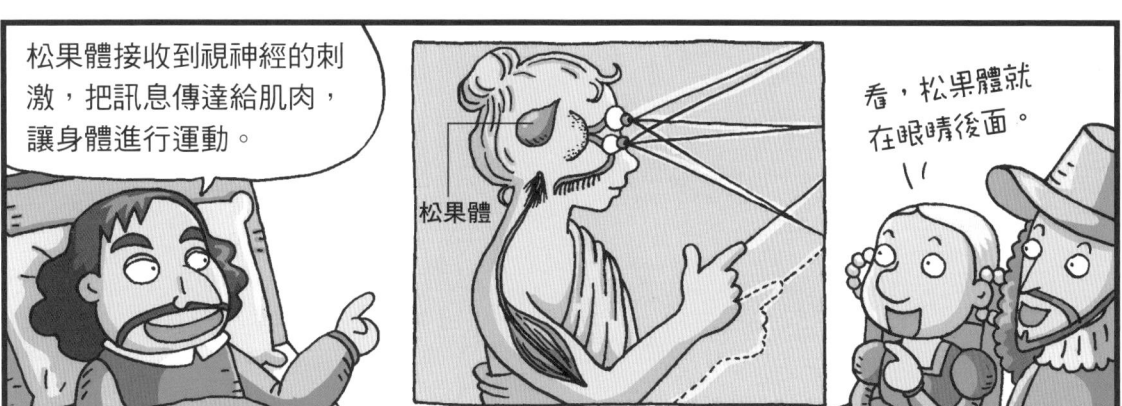

松果體

看，松果體就在眼睛後面。

笛卡兒否定真空狀態。

因為我們能夠感受到物質所占有的幾何學空間。

也就是說，所有的物質都一定會占有空間。

結果就是，世上沒有空白的空間，也就是真空不存在。

笛卡兒把這種想法運用到宇宙觀中。

看吧，這就是我認為的宇宙構造，最初的宇宙中有很多很多的漩渦。

這些漩渦的中心有個叫粒子的物質，隨著快速的旋轉發出光芒，形成星星，每個漩渦的結構就像一個太陽系。

星星周圍用點表示出的圓形，就是行星的軌道。

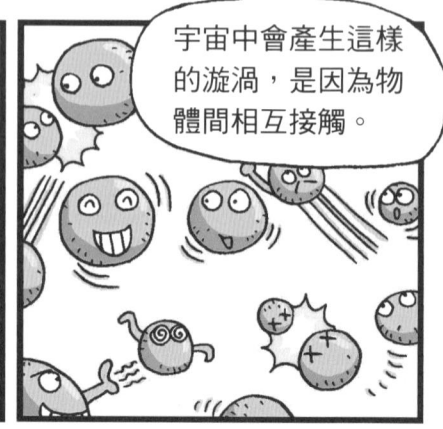

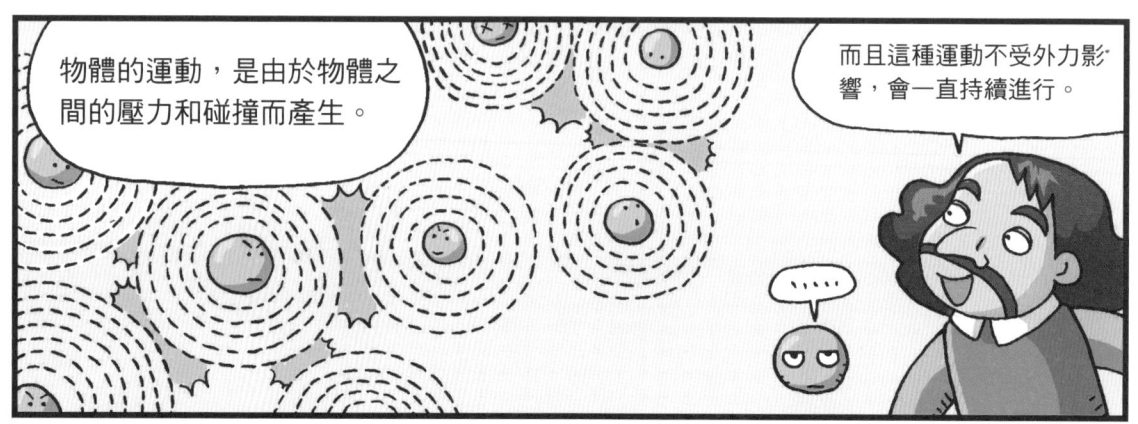

1 動量守恆定律：不受外力的影響，物體運動量永遠保持不變。　　2 慣性定律：一切物體在沒有受到力的作用時，總是保持等速直線運動或靜止狀態。

我是不是很偉大啊？嘿嘿！總而言之，這就是我們這些科學家的任務。

科學家就是要了解運動的概念和原因，並且研究宇宙的構造和其重要的作用。

笛卡兒以機械論為基礎，創造了物質觀。物質觀改變了科學的優先順序。

從此，再也沒有人說神和天使創造奇蹟這類的話了。

神起初只用賜予人們的自然法則來管理宇宙。

自然法則

所有物質僅是接受自然法則的機械而已。

經院哲學認為「自然界的萬物都有精神，並有階級之分」，這與我的觀點不同。

還記得我曾經說過，除了人類，其他動物是沒有精神的吧？

經院哲學

我提出的自然法則中，物體之間的階級正逐漸消失。

雖然精神和物質是分離的，但是人類卻同時擁有精神和物質。

精神性

物質性

因此，科學完全脫離神學。

神學　科學

笛卡兒把宗教和科學分離後，科學界發生了改變。

萬歲！

萬歲！

從現在開始，科學不會再被宗教干涉了。

然而，宗教對科學的影響不會立刻消失，

可是，我們已經不用擔心宗教，只要做好科學研究就可以了。

笛卡兒是研究純科學的先驅。

我可是虔誠的信徒，而且很容易害羞。

做研究時，要小心不要讓科學和神學產生摩擦和分歧。

真是如履薄冰啊！

當我寫完關於哥白尼★宇宙觀的《宇宙論》時，

發生了一件大事。

★關於哥白尼的故事，請參考第三冊第137頁。

聽說伽利略★被審判了。

什麼？

聽到這件事情之後，我嚇到放棄了出版計畫。

在日後的研究中，我又對數學感到興趣。

嗯……我的數學底子還是很好的，呵呵

★關於伽利略被審判的故事，請參考本書第85頁。

笛卡兒最大的貢獻是在數學方面。

在日常生活中，用數學可以解決許多問題，當然也有數學解決不了的。

接下來我們看看能夠用數學解決的問題。

在各種題目中，去除偏見，剩下的用數學來解決，

使用最少的公式。

問題

數學形式

就可以得到用數字表示的說明。

我為此發明了「笛卡兒座標」[1]和「解析幾何學」[2]。

這結合了代數和幾何學啊。

1 笛卡兒座標：在一個平面上，任一點皆可用一組兩個實數（x, y）表示。　2 解析幾何學：以代數方程式解幾何問題。

用這個方法，任何人都可以獲得想要的知識。

只要合理的運用公式，就可以精確的計算出宇宙的各個結構。

做起來也許很難，但是理論上卻行得通。

當偶爾在相同題目得出不同結論時，實驗就成了分辨的必要條件。

但是我並不特別看重實驗。

對你來說實驗只是輔助呀。

這真不中聽。

啊！我跟古代的畢達哥拉斯學派★不同，我不認為數學能解決所有問題。

數學

對我來說，數學只是道具而已。

事實上，與數字或圖形相關的研究都是可行的。

★關於畢達哥拉斯學派，請參考第一冊第147頁。

★關於牛頓的故事，請參考第五冊。

科學革命的知識殿堂

學會的發展與衰退

學會是指學者聚集在一起,進行討論和研究的地方。

學術研究院、萊錫姆學院、博物館和大學都具有學會的性質。

為了研究與技術關係密切的近代科學,學會需要進行改革。

進入17世紀,信奉亞里斯多德的大學依然很多,

曾經促進科學革命的科學家,在大學中的活動依然受到很多阻撓。

亞里斯多德萬歲!

我們一起來看科學革命初期的學會。

學會最早建立於義大利。

1560年,曾經出現過名為「自然祕密研究會」的學會,

但是因為與自然奧祕、魔法有關,受到質疑,最後倒閉了。

1603年,羅馬建立「林琴科學院」。

林琴是山貓的意思。

這種動物目光敏銳,以牠為名,象徵著洞悉自然奧祕。

伽利略★也曾是會員。

★關於伽利略的故事,請參考本書第124頁。

不過，林琴科學院也於30年後倒閉了。

由於會員對哥白尼學說的看法分歧，學院不久便解散了。

之後，1657年佛羅倫斯成立了齊曼托學院。

齊曼托學院是由伽利略的兩位徒弟維維亞尼和托里切利[1]建立的，

解剖學家波雷里、解剖學家和地質學家斯台諾、博物學[2]家萊利都曾是齊曼托學院的會員。

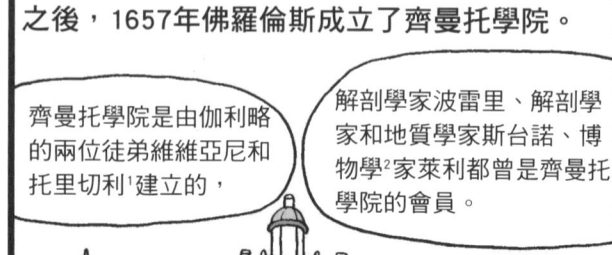

1 關於維維亞尼與托里切利的故事，請參考本書第139頁。　2 博物學：動物學、植物學、礦物學等的統稱。

齊曼托學院不太重視理論知識，主要的研究領域是生物學和物理學。

這是斐迪南二世★和會員進行實驗的場面。

★費迪南二世：17世紀義大利托斯卡納大公，是麥地奇家族的第五代。

齊曼托學院還發行了報紙。

自然實驗文集

齊曼托學院

齊曼托學院機關報紙《自然實驗文集》的封面(1667年)

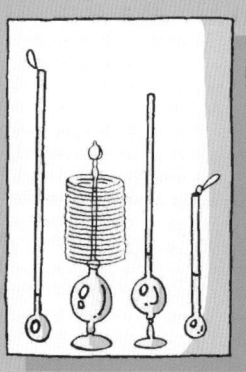

齊曼托學院設計的溫度計(1667年)

科學家透過共同研究，促進氣壓計等科學器具的發展。

之後，齊曼托學院因贊助人去世，加上教會的壓力，不得不宣告解散。

教權

教權

林琴科學院和齊曼托學院建立時間雖然不長，也沒有徹底解決科學問題，

卻成為其他學會的榜樣。

之後的人再也不依賴贊助者，而是自籌經費……

剛開始是不是刻苦樸素一點比較好？

我們也匯集各自的錢來建設學會。

英國的清教徒約翰·威爾金斯在牛津創建了學會。

這個學會是牛津大學哲學學院的雛形。

在這裡做研究的人除了數學家約翰·沃利斯之外，還有許多名醫生，主要從事實驗、聚會、討論等事情。

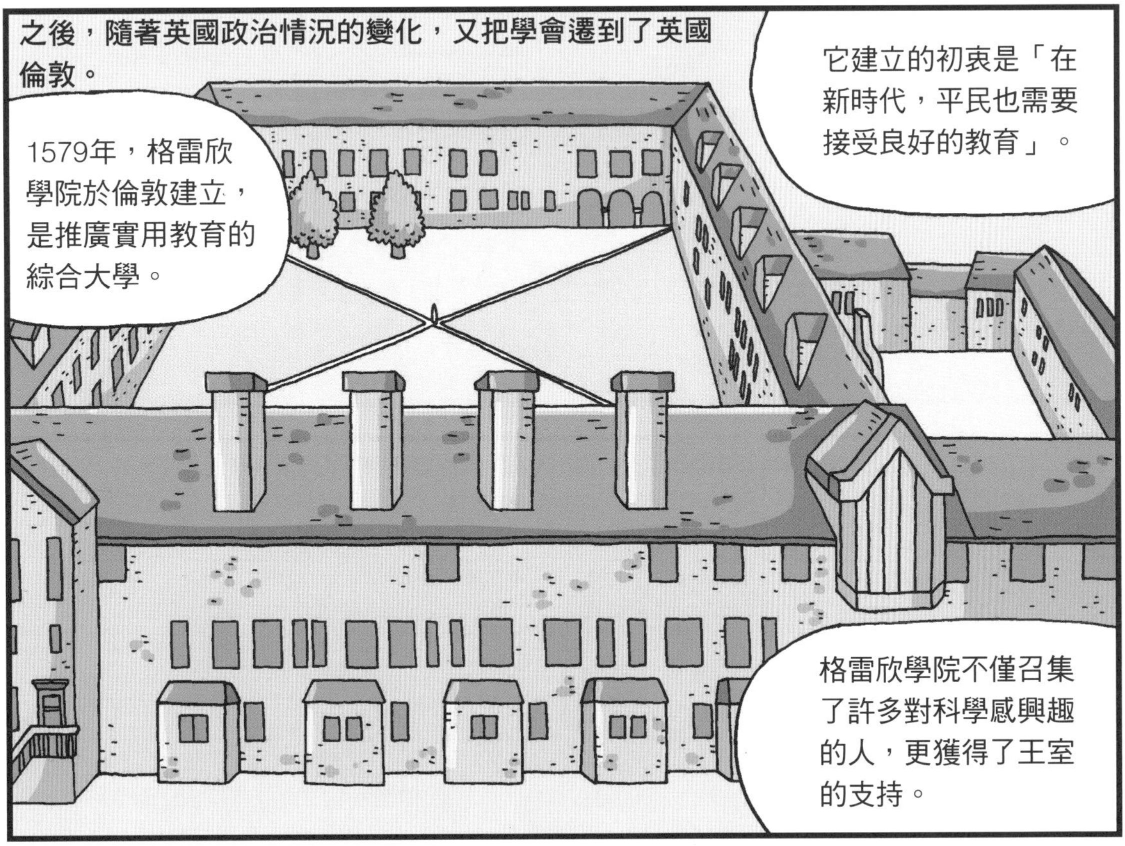

之後，隨著英國政治情況的變化，又把學會遷到了英國倫敦。

1579年，格雷欣學院於倫敦建立，是推廣實用教育的綜合大學。

它建立的初衷是「在新時代，平民也需要接受良好的教育」。

格雷欣學院不僅召集了許多對科學感興趣的人，更獲得了王室的支持。

1662年，查理二世正式批准格雷欣學院為「以促進自然知識為宗旨的皇家學院」。從此，格雷欣學院成為英國的皇家學會。

知名的成員有約翰·威爾金斯、喬納森·戈達德、羅伯特·虎克[1]、克里斯多佛·雷恩、威廉·配第和羅伯特·波以耳[2]等。

皇家學會既有民間團體的性質，又具有開放性。

1 羅伯特·虎克：英國物理學家，以發現細胞聞名，請參考第五冊。　　2 羅伯特·波以耳：英國化學、物理學家，請參考第五冊。

直到18世紀末，皇家學會的性質就像是社交俱樂部。

1870年，很多會員以貴族身分加入。

對於英國上流社會的人來說，成為皇家學會會員是極其榮耀的事情。

然而，皇家學會從來沒有獲得過國家贊助。

我們可是從來沒有拿過國家的資助。

皇家學會的資金來自社會募捐和會費。

已經提前付了兩個月的會費了呀～

不過當時英國遭逢巨大的政治變革，國家也沒有錢。

英國歷史

在當時，只有地主階級和商人有錢。

地主　　商人

與此同時，皇家學會也捲入了政治的漩渦，需要小心行事。

做研究越來越困難……

神學、形上學、道德、政治不斷介入，干擾了學會的研究。

面對這個局面，科學家決定先研究實用項目。

把重心放在研究工藝、原動機之類的機械。

由於科學家對工商業的研究，才發生後來的工業革命。

這個時期，法國開始建立科學研究院。

我們的研究院受到很多貴族的支持，不用擔心資金的問題。

我們的資金來自於工商業，與英國皇家學會不一樣。

所以，建立的地點也沒有必要在城市裡，鄉村的清靜環境反而更好。

馬林·梅森是17世紀法國著名的數學家和修道士，也是當時歐洲科學界獨特的中心人物。

伽利略老師，我已經收到您的信了，可是……

我們的職責是與其他科學家書信往來，以及公布新的研究結果給大眾。

你說得輕鬆，書信往來全靠我來回奔波。

馬林·梅森經常在家裡與哥白尼、巴斯卡[1]等科學家聚會。

今天我們去蒙特莫特[2]家聚會，怎麼樣？

好呀！他家的飯菜很好吃呢！

在這樣的聚會中，逐漸建立科學研究院的形式。

我們的目標是讓大眾認識自然科學中的新知識。

呼呼～

1 關於巴斯卡的故事，請參考本書第146頁。　2 蒙特莫特：法國學者及文學家。

之後，科學研究院申請了法國政府的財政支持。

這難道不是件好事情嗎？

......

科學發展了，法國也會跟著強大起來，

財政大臣、宰相柯爾貝爾

提案批准後，科學研究院的聚會得以繼續進行。

好吧，為了工業發展，王室會一直支持科學研究院的。

法國的科學研究院與英國的皇家學會有什麼不同嗎？

首先，法國科學研究院的經費由國王贊助。

其次，每週要舉行兩次聚會來討論和研究國王感興趣的問題。

今天是解決問題日。

......

ZZZ

還有資金很雄厚，設備也很優良。不僅如此，我們還可以去南非或其他神祕的地方進行實驗和探險。

當時，科學研究院的研究範圍十分廣泛。上至天文，下至地理，甚至是湖水中的微生物，都是研究的對象。

這幅圖就是1671年路易十四★訪問科學研究院的場景。

★路易十四：法國國王，自稱「太陽王」。

但是,雄厚的資金支持並不一定都是好事。

俗話說得好:「拿人手短,吃人嘴軟★。」除了正規的研究之外,還要做一些政府要求的繁瑣事項。

很多時候,製造出彰顯路易十四威嚴的裝飾品,比建造軍艦來得重要。

王宮業務

★拿人手短,吃人嘴軟:比喻得了別人的好處,就必須為對方辦事。

科學家會以傳閱公文的方式討論科學的發展。

這份資料有許多人傳閱過了。

最初,公文只是將討論訊息傳達給前一次沒有參加聚會的科學家。

後來逐漸發展為出版的形態。

公文內容逐漸變成科學的新發現和實驗訊息。

科學

其實,所有學會都會出版自己的刊物。

英國皇家學會刊物《皇家學會哲學會刊》(1666年)

OF THE PEESENT
OF THE
INGENIOUS
IN MANY
CONSIDERABLE PARIS
OF THE
WORLD
VOL 1
FOR AONG 1665 and 1666

Du Lnndy V. Iubitt M. DC. LXU
Par le Sicur DE HEDOVVILE
A PARIS.
Chez IEAN CUSSON, hn5. 1a
ge de S. IEan Baptiste
M. DC. LXV.
AVLC PRIVILEGE DV ROY.

法國科學研究院刊物《學者雜誌》(1665年)

而且,《皇家學會哲學會刊》會定期出版發行,與以前的刊物不一樣,

是迄今為止世界最知名的學術雜誌之一。

今天是《皇家學會哲學會刊》出刊日。

公文也促進了科學家相互交流研究結果,

喔~原來他們一直在做這樣的實驗啊!

讓他們覺得發明實驗用的工具十分必要。

我也想做啊，可是之前都沒有這樣的工具。

既然有需要，就一定要製作出來。

科學家為了發明實驗用的工具費盡心力。

就像為了看得更遠而發明了望遠鏡！

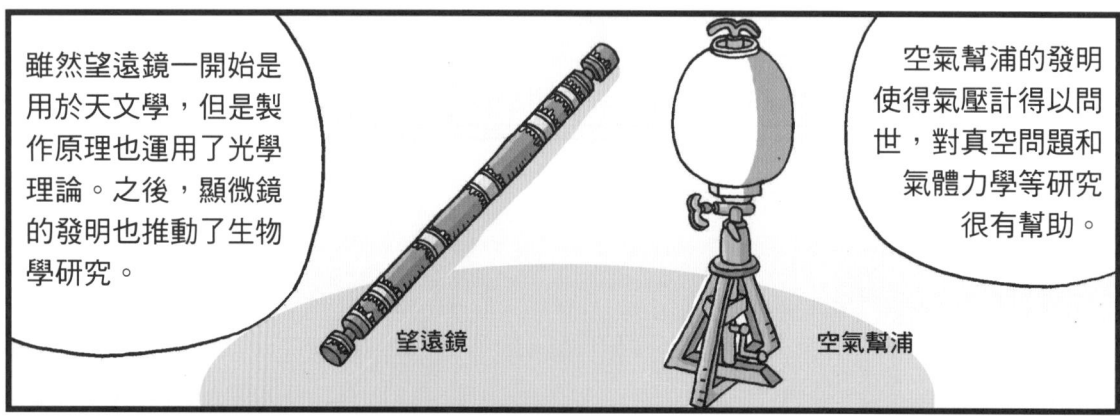

雖然望遠鏡一開始是用於天文學，但是製作原理也運用了光學理論。之後，顯微鏡的發明也推動了生物學研究。

望遠鏡

空氣幫浦的發明使得氣壓計得以問世，對真空問題和氣體力學等研究很有幫助。

空氣幫浦

然而，法國和英國學會維持的時間卻不長。

1690年，兩國的學會都同時衰退了。

18世紀新興的學會則是嶄新的開始。

這些新興的學會仿照過去學會的形式，在漫長的時間裡於歐洲各地建立起許多學會和學院。

1620年，德國的羅斯托克曾經建立過學會，不過很快就解散了，

到1700年柏林科學學會建立前，這段期間沒有任何形式的學會。

1725年的聖彼得堡、1759年的慕尼黑、1786年的斯德哥爾摩都曾經出現過學會。

科學革命 天文學

揭開星空的奧祕

哥白尼★的理論被稱為「革命」。

我要暈了，搞不清楚哪些是正確的。

越是在這種時候，越要打起精神。

★關於哥白尼的故事，請參考第三冊第137頁。

有時，真理不只一個。

這時就需要好好想一想。

但也不能像過去那樣，只相信《聖經》的內容。

在日心說(地動說)和地心說(天動說)之中，只能選擇一個。

呃……

有許多理論和你觀測的結果都不一樣呢……

對呀，對呀！我觀測的結果可是精確計算得出來的。

為了跟上這時代的要求，以及繼續加快精密觀測的步伐，第谷・布拉赫做出許多貢獻。

第谷・布拉赫
(西元1546～1601)

從現在開始，一位天才觀測家即將登場。

布拉赫出生於丹麥斯坎尼亞省基烏德斯特普。

糟糕！
孩子不見了！

他小時候是由叔叔養大的，不過起初是被叔叔誘拐。

你有沒有看到我們的孩子？

最後得到家人的同意，成為叔叔的養子。

你知道我們找得有多辛苦嗎？

對不起。我一定會好好扶養他長大的，請相信我。

……

14歲時，為了學習法律，布拉赫開始在哥本哈根大學接受正規教育。

好的。

男人想得到別人的尊重，就要學習法學。

然而，布拉赫後來對天文學產生了濃厚的興趣。

也許是因為他在哥本哈根看到了日蝕。

在當時，日蝕這種自然現象引起了天文學家的興趣，

你也想學習計算日蝕的方法，對不對？

是的。

他開始讀托勒密＊寫的天文學巨著《天文學大成》。

是的。

大部分的人只關注天文觀測，但他更在意日蝕的計算方法。怎麼樣，有意思吧？

★關於托勒密的故事，請參考第二冊第91頁。

但學習方向與叔叔的要求不同。

你是不是在努力的學習法律呢？

是的。

天文學

直到1565年叔叔去世，他還在祕密的研究天文。

是啊。

現在你可以放心的研究了。

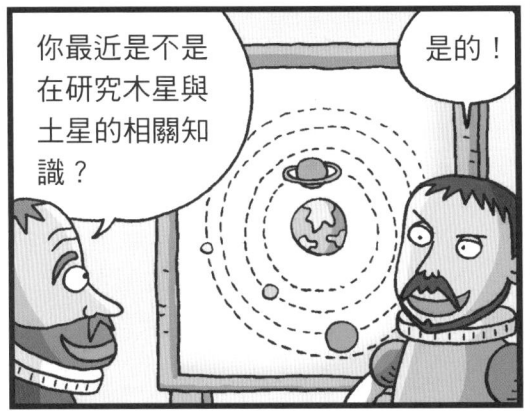

你最近是不是在研究木星與土星的相關知識？

是的！

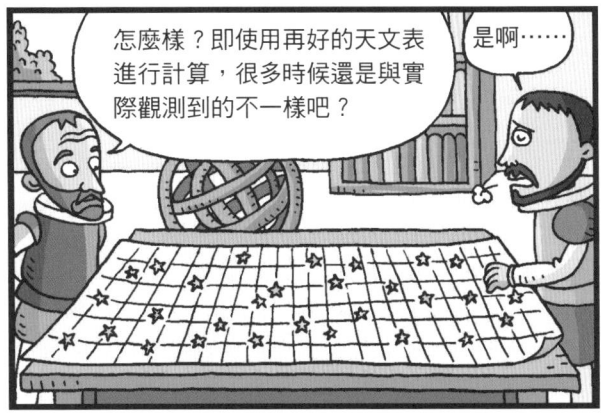

怎麼樣？即使用再好的天文表進行計算，很多時候還是與實際觀測到的不一樣吧？

是啊……

所以，天文學需要能夠正確測量的新方法。

是！

怎麼樣？你想不想把測量的錯誤找出來？

想！

那麼你有沒有想法呢？

嗯！

我長得帥嗎？

啊!?

大吃一驚

是……

1572年，他在仙后星座觀測到一顆新的星體。

仙后星座的位置上出現了一個新星啊。

布拉赫，之前沒有那顆星，對吧？

是的！

其實古希臘的喜帕恰斯★也曾發現過一顆新的星體，但由於他完全相信天文表，忽略了新星體。

但是，我們這次不能再忽略了。

★關於喜帕恰斯的故事，請參考第二冊第41頁。

天文學家對此也很頭疼。

如果認定這是一顆新星，就會與亞里斯多德★宇宙論之中的「天象世界是沒有變化的」觀點背道而馳。

★關於亞里斯多德的故事，請參考第一冊第174頁。

所以，有的天文學家認為這不是一顆新的星體。

那個出現在天空中的東西，只是個未知的物體而已。

然而，布拉赫觀測這個星體幾週之後，

我確定這顆新星與其他的星體沒什麼不同。

這顆星和其他的星體一樣會發亮，始終不移動，而且比月亮與地球間的距離遠。

1573年，布拉赫把觀測這顆星體的結果整理成書。

新星

這本書一問世，布拉赫立刻就成名了。

他也成為人們爭論的焦點。

布拉赫的觀點是對的！

不對！

結果，當時的神學者做出這個不明物體不是新星體的結論。

這個不明物體原來就有，只是之前沒有觀測到而已。

布拉赫是個騙子！

布拉赫並沒有因此而退縮，

不被認同也沒什麼大不了的，對吧？

是的。

也很漠視人們對他的指責。

雖然居住在宗教國家，但還是正常生活，也沒有必要太在乎教會的看法。

關鍵是丹麥國王腓特烈二世很欣賞布拉赫。

我認為你沒有必要在乎天主教的指責。

我資助你在汶島★上建立一座天文台，你從此可以放心的研究天文了。

★汶島：瑞典的一座島嶼，17世紀曾被丹麥統治。

他在汶島的天文台上，設置了自己設計的大型觀測儀器。

還在天文台外面的凹陷處設立了防風的金屬儀器。

儀器體積越大，刻度也就越大，便於精密觀測。

布拉赫向著天文台的東、西、南、北四個方向設立了星盤★。

★星盤：在望遠鏡發明之前使用的天體觀測儀器。

他比較觀測出來的各種天文結果，

這個儀器跟那個儀器的觀測結果怎麼不一樣呢？

仔細的記錄每種儀器產生的誤差。

所有成果都來自布拉赫認真工作的態度。

最後，布拉赫從一個重要事實中得到了啟發。

那就是：從某種意義上來說，誤差也是被允許的。

如果能推測誤差，設定「允許誤差值」的話，

允許誤差值

即使出現了些許的誤差，也不會出什麼大問題，對吧？

是的。

這個想法很偉大，你真是越來越棒了。

隨著布拉赫的觀察越來越正確和精密，

又發生了第二件違背亞里斯多德宇宙觀的事情。

有一天吃晚飯時，

記得好像是到汶島研究天文一年左右的時候，

我看到了一顆又大又亮的彗星！

這顆彗星激發了人們無盡的想像……

當時的人們看到彗星，都感到十分不安。

在那個時代，彗星出現代表災難即將到來。

認為彗星是不祥之兆來自於亞里斯多德的言論。我說的對吧，老師？

是的！彗星灼熱、乾燥的特性會讓大氣層變得稀薄，滋生各種傳染病。

但是，布拉赫的想法卻跟您不一樣啊。

他透過科學觀察，

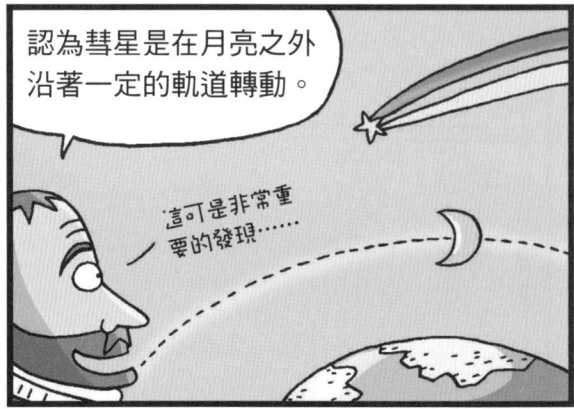

認為彗星是在月亮之外沿著一定的軌道轉動。

這可是非常重要的發現……

亞里斯多德認為彗星是地球大氣層的一種現象，

地球大氣

我們首先要證明彗星不是地球大氣層產生的現象，還要畫出彗星在月亮之外的軌道。

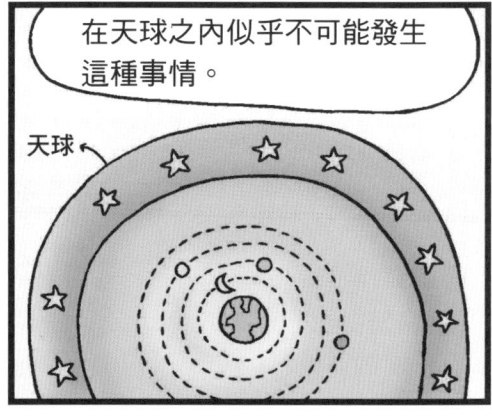

在天球之內似乎不可能發生這種事情。

天球

天球是天文學中想像出旋轉的球，我們把天空中所有的物體都想像成散布在天球上。

雖然布拉赫的觀點打破亞里斯多德的宇宙觀，

好像沒有了，是吧？

什麼！難道我還有錯誤嗎？

對！

也不能說布拉赫完全接受了哥白尼★的宇宙觀。

什麼！怎麼誰的想法他都不接受？

因為布拉赫是虔誠的教徒，他對於哥白尼反對《聖經》一事耿耿於懷。

★關於哥白尼的故事，請參考第三冊第137頁。

雖然他認為把數學用於天文學研究很有道理，

但偶爾也像哥白尼一樣，苦惱於一些天文觀測結果。

喂，你的觀點都整理好了嗎？

是的。

給我看看。

嘩！

．．．．．

讓我來看看⋯⋯你是這樣想的，對吧？

．．．．．

這就是布拉赫的宇宙論。

地球位於宇宙的中心，月亮和太陽圍繞著地球旋轉。

其他的行星都圍繞著太陽旋轉。

從近代天文學的角度來看，布拉赫的宇宙論雖然有些許退步，

但是從其他方面來說，對於廢除那些保守的宇宙觀做了巨大的貢獻。

布拉赫 宇宙論

他把地心說和日心說的優點做了折衷和調整，

地心說·日心說

反而讓大家更清楚的看到兩種理論的差異。

地心說

日心說

所以，當時的教會即使感到了危機，也贊同布拉赫的理論。

傳教士把布拉赫的宇宙論傳播到中國、朝鮮等國家，並被當地人民所接受。

布拉赫的宇宙論 中國

布拉赫晚年得到了波希米亞皇帝魯道夫二世的幫助。

因為這位皇帝非常喜歡鍊金術和占星術。

布拉赫在布拉格與克卜勒相遇。

您可以收我為徒嗎？

好的！

克卜勒出生於德國的威爾德斯達特鎮。

雖然是貴族，但家境貧寒吃了不少苦，還差點因水痘而喪命。

克卜勒
（西元1571
～1630）

父親在戰爭中去世，母親是酒館老闆女兒，平時愛吵吵鬧鬧，因被指控犯有巫術罪而入獄，險些被處以火刑。

唉，我的命啊……

18歲時，克卜勒進入圖賓根大學神學院，

但是，越學越沒有興趣。

這時，他遇到了一位教數學和天文學的教授。

我們真是趣味相投啊！

知識淵博的老師！

聰明的學生！

最終，克卜勒也陷入哥白尼的學說無法自拔。

這位老師是哥白尼的崇拜者，

太優秀了！

哥白尼的學說

哥白尼的學說

真是太棒了！

於是克卜勒轉而學習數學和天文學。

之後，他到了格拉茨新教學校教數學、天文學，後來又教古典文學、修辭學和道德學。

在格拉茨，克卜勒不僅研究天文學，還研究占星術。

其實……我不怎麼相信占星術。

如果把天文學比作母親，占星術就是她的女兒吧。

如果幸運的話，占星術可以準確預言未來。

天文學研究無法賺錢，只能用占星術賺點錢。

占星術女兒如果不賺錢，天文學母親便會餓死。

有人說：「神賜予所有生命體活下去的方法。」我就是這樣靠占星術生活的。

加上我的預言比其他占星術士準。

你真厲害，預言的戰爭發生了。

不僅如此，他還預言今年的冬天會十分寒冷，事實也是如此。

雖然不相信占星術，但是他仍沒擺脫宇宙的神祕和諧理論。

宇宙是神所設計的，是神祕而和諧的。

所以我常常說宇宙是具有神祕性的。

1596年，克卜勒出版宇宙論方面的著作《宇宙的奧祕》。這本書記錄了宇宙奧祕和宇宙現象。

只要堅忍不拔，鐵杵也能磨成針！

宇宙的奧祕

這本書的內容主要是什麼呢？我認為宇宙只有六顆行星，理由很簡單，

因為從五個正多面體的外接和內切，只能畫出六個行星繞行軌道。這裡運用了歐幾里德*的幾何學。

★關於歐幾里德的故事，請參考第二冊第23頁。

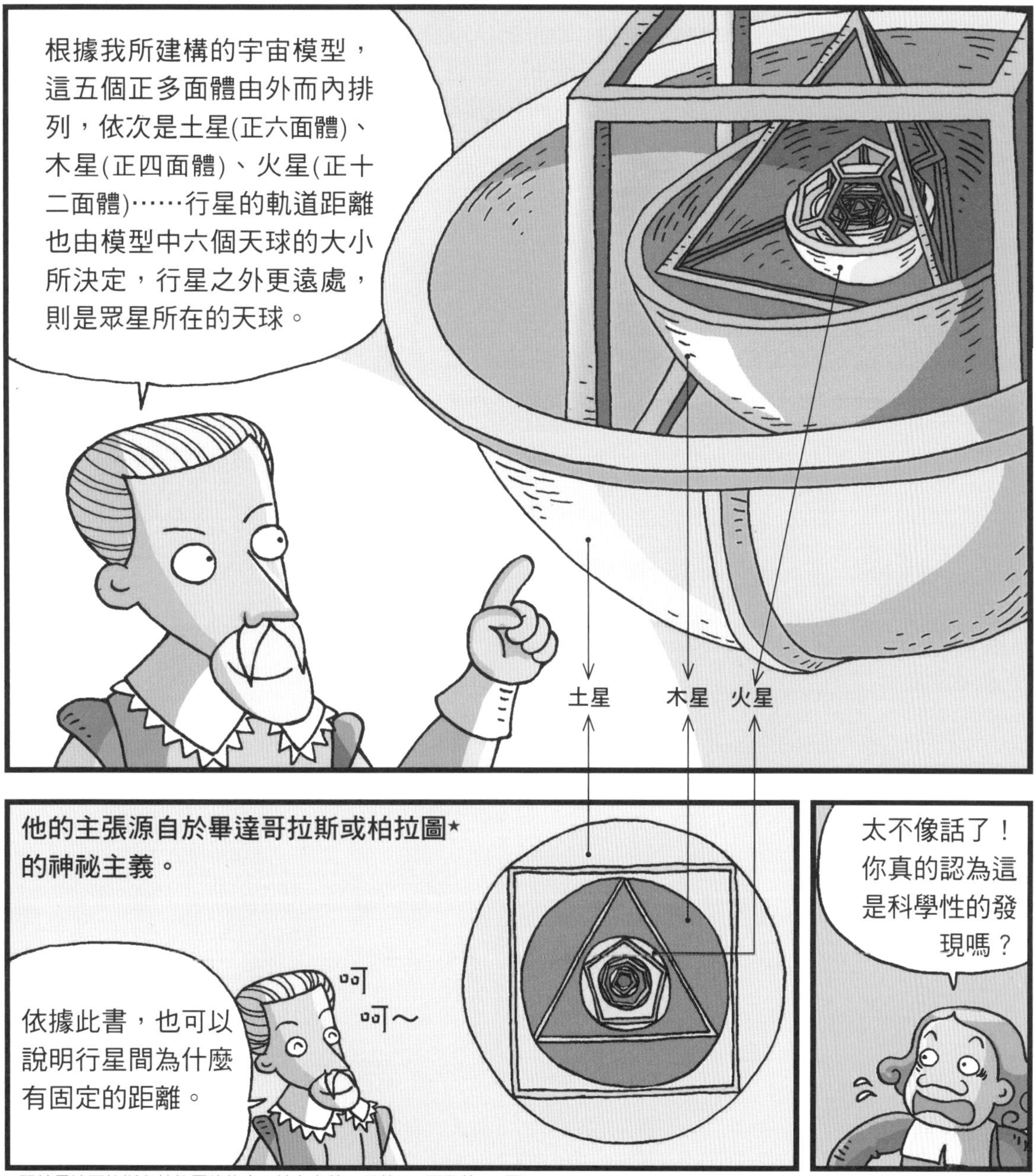

根據我所建構的宇宙模型，這五個正多面體由外而內排列，依次是土星(正六面體)、木星(正四面體)、火星(正十二面體)……行星的軌道距離也由模型中六個天球的大小所決定，行星之外更遠處，則是眾星所在的天球。

土星　　木星　火星

他的主張源自於畢達哥拉斯或柏拉圖★的神祕主義。

呵呵～

依據此書，也可以說明行星間為什麼有固定的距離。

太不像話了！你真的認為這是科學性的發現嗎？

★關於畢達哥拉斯與柏拉圖的故事，請參考第一冊第147頁及第169頁。

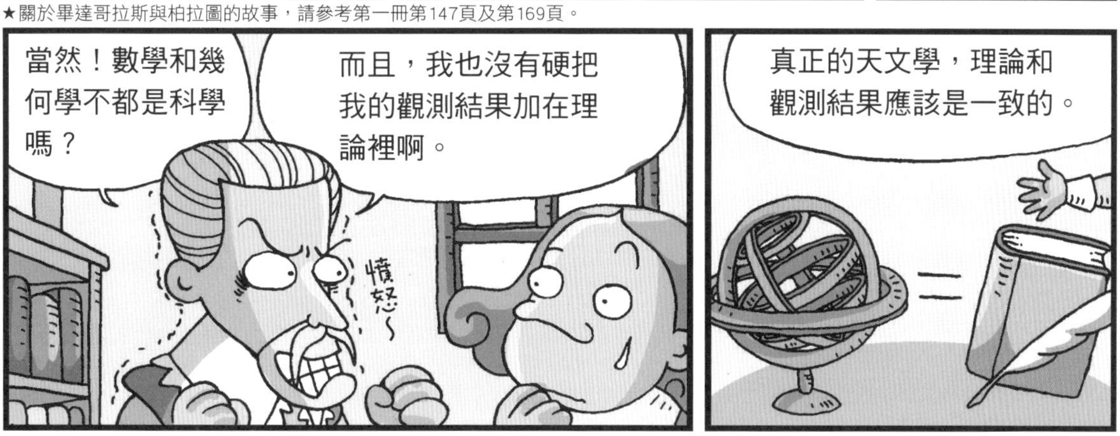

當然！數學和幾何學不都是科學嗎？

而且，我也沒有硬把我的觀測結果加在理論裡啊。

憤怒～

真正的天文學，理論和觀測結果應該是一致的。

我最近也很苦惱。因為水星和土星理論上的軌道與實際觀測到的不一致。

為了解決這個問題，我需要正確的觀測資料。

哎喲，我的眼睛不太好，進行觀測確實有些不方便，怎麼辦……

這時，克卜勒居住的地方對新教徒的迫害更加嚴酷了。

老婆，趕快收拾行李，逃亡吧。

繼續待在這裡會沒命的。

克卜勒為了避難，逃到了捷克。

我們要搬去哪裡？

這個嘛……我們要去能夠接納占星術師的地方啊。

這時他遇到了布拉赫，並成為他的學生。

這裡可以得到正確的觀測資料。

我的運氣真是太好了。

布拉赫與克卜勒相遇不久後便去世了。

老師，你快醒醒啊！

布拉赫去世後，把所有觀測資料都傳給了他的學生克卜勒。

老師選我是因為我堅強的數學實力，認為我可以計算出各個行星的運轉週期。

所以他去世時，再三叮囑我，要我運用這些觀測資料製作出新的行星運行表。

這些觀測資料真是太偉大了。特別是有關行星運行的部分。

其他學者只在奇異現象發生時才進行觀測，而我的老師每天都觀測。

我要以這些資料為基礎，做出火星的軌道運行圖。

還有很多其他的行星啊，為什麼偏偏選擇火星呢？

也不是一定要選擇火星。

我只是覺得太陽系行星都具有某種共通性，

從一個行星獲得的結論，同樣適用於其他的行星。

研究火星首先需要研究的問題是：

火星繞太陽運行的軌道。

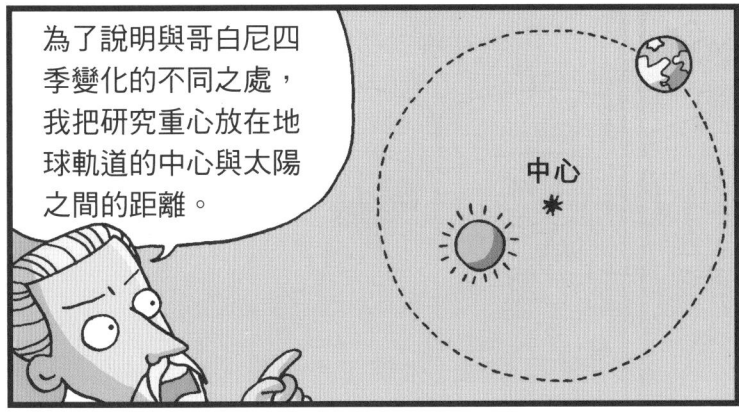

為了說明與哥白尼四季變化的不同之處，我把研究重心放在地球軌道的中心與太陽之間的距離。

中心

但是說不通啊。我們實際看到的軌道中心怎麼會不一樣呢？

如果軌道是一個正圓形，那麼中心就應該是太陽啊！

事實上，行星的軌道是橢圓的，離心率很小。最初我用圓來計算火星軌道時，發現數據中只有少數有微小偏差，偏差值約為滿月角直徑的$\frac{1}{4}$，一般人很可能歸因於觀測誤差而一筆帶過。

這次的研究太難了。

啊，又錯了！

我憑藉著驚人的毅力，花了8年多的時間，才發現行星繞太陽運轉的軌道與實際觀測的結果相差8度。

唉，我的命啊～

什麼？8度？

恭喜你成功了！真是了不起！

有什麼了不起的？不是還有8度的差異嗎？

哎呀，相差8度算什麼呀。恭喜你終於發現了行星的軌道。

不是的。

誤差就是誤差，我要重新開始研究。

什麼？你說什麼？

嗯～

你說的是真的嗎？你知道今後要面臨多麼大的困境嗎？

這都不是問題。我相信老師留給我的資料是正確的。

不論是10年，還是100年，我都要研究並繪製出行星運轉的正確軌道圖。

克卜勒的勇氣加上個人的堅持，

不對，不對。怎麼研究都覺得軌道不是正圓形的。

即使運轉的時間不一樣，計算結果也不對啊！難道軌道不是正圓形的？讓我換個圖形試試。

雖然拋棄正圓形軌道的研究，有點心痛……

終於在1609年，發現了行星繞日運動的軌道是橢圓形的。

雞蛋形狀？不對。試試橢圓形好了？

好！就是這個！

行星的軌道是橢圓形的。

這個發現，揭開了天文學歷史的新篇章。

1609年，克卜勒出版《新天文學》，書中整理了行星的橢圓軌道等內容。

新天文學
克卜勒 著

第一定律

本書有兩個克卜勒定律。其中的第一定律(橢圓定律)是：行星繞太陽運轉的軌道為橢圓，太陽位在此橢圓的定點上。

第二定律(面積定律)是：行星和太陽連起來的直線，在相同時間內掃出的面積相同。

也就是說在同樣的時間裡，行星在軌道掃過的面積相等。

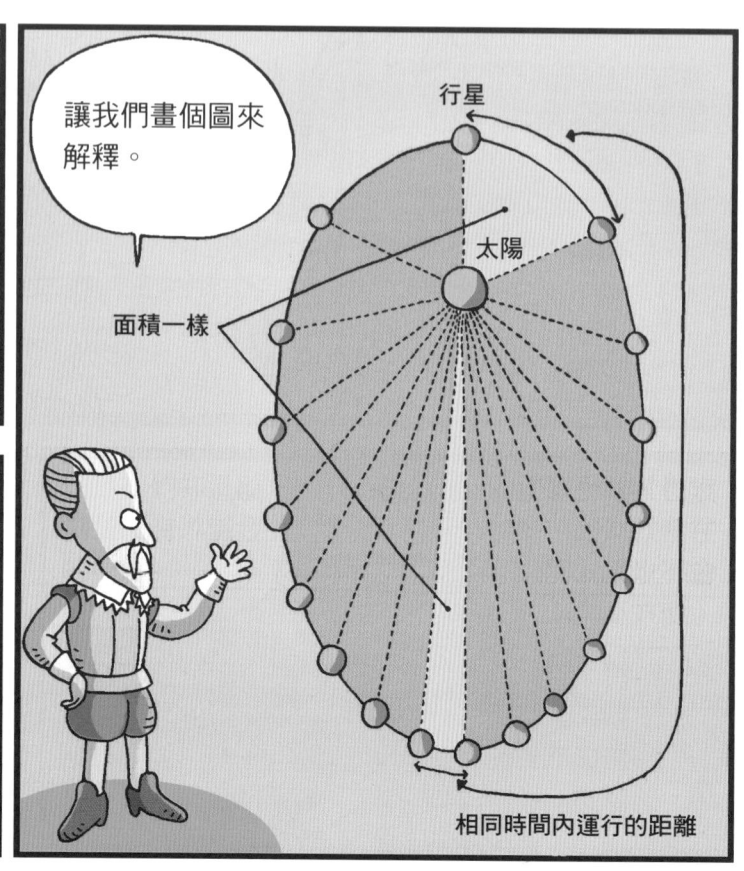

讓我們畫個圖來解釋。

行星

太陽

面積一樣

相同時間內運行的距離

有了這兩個重要的定律，編制星表便輕而易舉。

不過還需要修訂行星運動的相關法則。首先是古希臘之後關於行星軌道的法則。

譬如說，人們之前深信不疑的「行星時常以相同的速度運轉」。

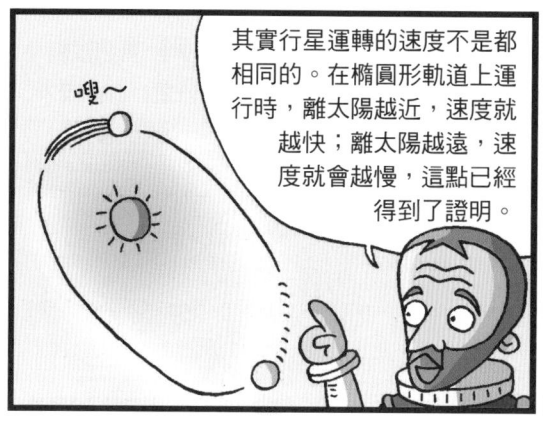

嗶～

其實行星運轉的速度不是都相同的。在橢圓形軌道上運行時，離太陽越近，速度就越快；離太陽越遠，速度就會越慢，這點已經得到了證明。

那麼，行星在運轉時的速度為什麼會發生變化呢？

我認為這都取決於太陽的神祕力量。

最早，人們認為是神祕的力量讓行星運動，所以把這種力量稱為「運動靈」。

但是，後來逐漸知道這種力量與磁力是一樣的。

距離磁力較近時，受到的力量就會加強。

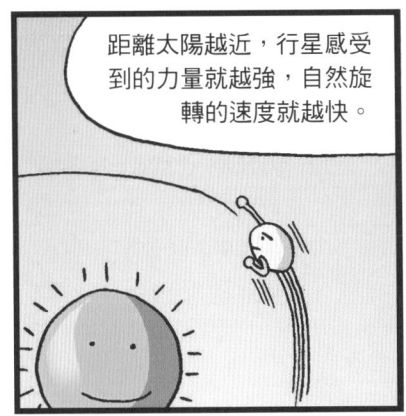

距離太陽越近，行星感受到的力量就越強，自然旋轉的速度就越快。

我認為這個屬性並不神祕，而是與物理性質和機械性質有關，所以我再次修正「運動靈」的名稱。

呵呵！看來你的天文學已經離神祕主義越來越遠了。

嗯，但是我也很苦惱。因為至今人們仍然相信宇宙是神所創立的。

而我發表的結論卻又離神祕主義越來越遠。

我的命運是不是太坎坷了？

也不對，我仍然相信有一種關於新星運動體系的原理存在。

哆哆嗦嗦～

他的努力，終於在1619年結出了果實。

我說過了吧？一定會有的。我找到了！我指的是行星的速度和音階的關係啦。

世界的和諧

這就是和音階相互對應的行星最快速度和最慢速度的圖。稱之為「宇宙神經的音階」，怎麼樣？

各個行星運轉時都會發出不同的旋律。

土星

木星

火星

地球

金星

水星

月球

畢達哥拉斯和柏拉圖的天球音階被克卜勒發揮到極致。

真是個固執的傢伙。

其實我覺得天文音階並沒有科學研究價值。

什麼？你竟然敢指責我的研究……

克卜勒的第三法則認為：行星繞太陽公轉週期的平方，與行星運行的橢圓軌道半長軸，也就是行星到太陽平均距離的立方成正比。

呵呵！但是這個研究促使您發現第三法則。

哼！

公轉週期＝T

R

行星和太陽間的平均距離

T^2(年)＝R^3(天文單位)

克卜勒的法則讓日後科學家做研究更加便利。他們只需知道行星和太陽間的平均距離，或者繞軌道運行的時間，便可以計算出距離。

對呀！如果想知道地球和太陽之間的距離，只需要知道地球公轉的速度就可以了。

除此之外，克卜勒還有許多其他貢獻。

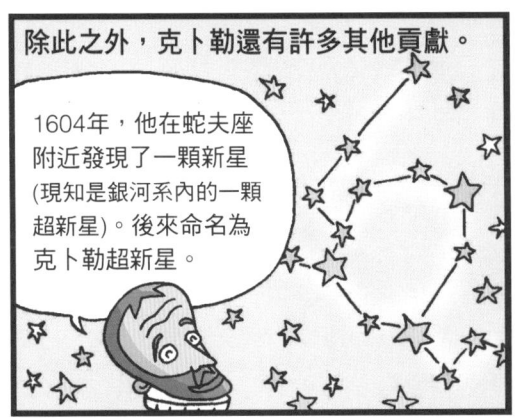

1604年，他在蛇夫座附近發現了一顆新星(現知是銀河系內的一顆超新星)。後來命名為克卜勒超新星。

還根據行星的位置編製了星表。

這個星表稱為「魯道夫星表」。

魯道夫星表不僅被航海家及船員所信任，

還影響對數的初次使用及計算。

克卜勒還發現近視與遠視的原因。

在研究望遠鏡的同時，出版了《折光學》。

折光學

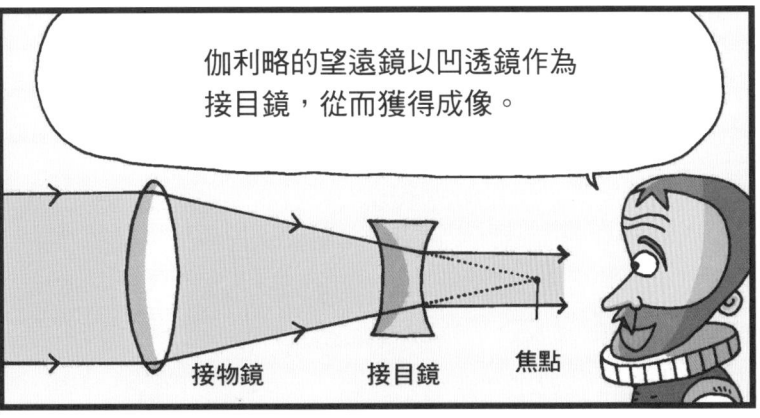

伽利略的望遠鏡以凹透鏡作為接目鏡，從而獲得成像。

接物鏡　　接目鏡　　焦點

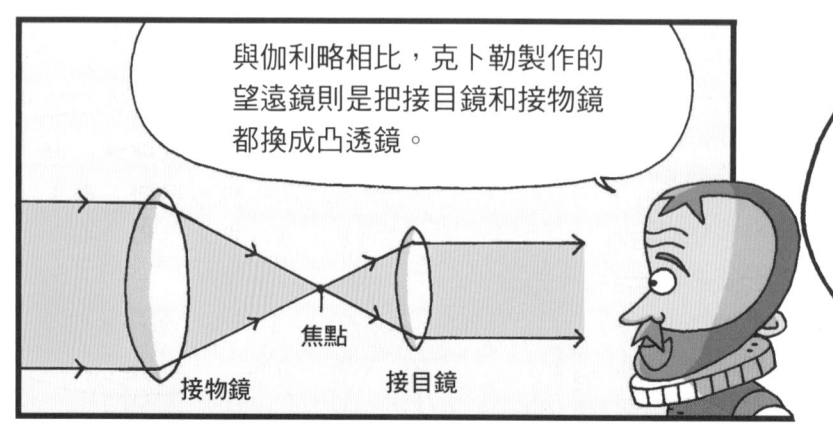

與伽利略相比，克卜勒製作的望遠鏡則是把接目鏡和接物鏡都換成凸透鏡。

焦點

接物鏡　接目鏡

雖然成像是倒立的，但優點是看到的物體變大了許多。現代天文望遠鏡就是根據克卜勒望遠鏡所製作。

我一看到這本書就想哭。

為什麼？

寫這本書的時候，妻子和孩子都得傳染病死了。

之後，我居住的城市發生了暴亂，贊助商也棄我而去，斷了我的經濟來源。

真的很艱苦啊。

我的命啊……

之後，我就離開捷克去了林茨、烏爾姆等地，

西里西亞

波蘭

德國

捷克

烏爾姆

林茨

結果，猝死在路途中。

克卜勒的著作並沒有被當時的人所理解。

唉，我的命就是這樣了……

嗯，或許是因為你的思想太超前了。

你說的是真的嗎？

當然，你看。

即使是伽利略那樣的天才，也沒有接受橢圓軌道的概念啊。所以，你的思想是超前的。

那也是我的命啊。

你們為什麼一直提我的名字？

生活在同一時代的克卜勒和伽利略，

你說什麼同一時代？我可是比他還年長8歲呢。

兩個人有許多地方值得比較。

雖然兩個人的數學實力都很強，也都崇拜哥白尼，

但是，表達學說的方式卻很不一樣。

也許是因為性格不同。

這個差別讓兩個人在看待望遠鏡的態度上出現分歧。

……

望遠鏡是荷蘭的漢斯於1608年偶然發現的。

我是製作眼鏡的見習生，眼鏡店裡不是有很多大大小小的鏡片嗎？

有一天，為了檢查透鏡品質，我把一塊凸透鏡和一塊凹透鏡排成一條線，透過透鏡看過去，發現遠處的事物好像變大、拉近了，無意中發現望遠鏡的祕密。

我把這兩塊鏡片放在木製或金屬製的圓柱形長筒裡，取名為「望遠鏡」。

雖然申請了專利，但沒有得到許可。

結果望遠鏡變成玩具，普及整個歐洲。

克卜勒和伽利略也聽說了望遠鏡。

克卜勒雖然之前研究過望遠鏡的原理，

但沒有親自製作和使用。

為什麼？那可是個好東西啊。

比起製作望遠鏡，我更注重的是學術結果。

再加上布拉赫老師的觀測資料那麼多，我也沒有時間去研究別的事物。

我不一樣，自從聽說了望遠鏡，我就馬上進行研究了。

我平時就對光學有所研究，很快就製作出了高倍數望遠鏡。

這個比漢斯發現的那個倍數高10倍呢。

望遠鏡製作完成後，卻無處可用。我突然想到了星空。

於是我開始用望遠鏡觀察夜空中的星星，

不論把望遠鏡朝向何方，都會發現新的訊息。

用望遠鏡觀察到的星星比用肉眼看到要多非常多。

而且我還發現，白色光芒下的銀河是由許多小星星匯集而成的。

後來又看到了月亮上的高山、深谷，還有火山的裂痕及太陽表面的黑斑，並且發現黑斑的位置不斷在變化。

月球

太陽

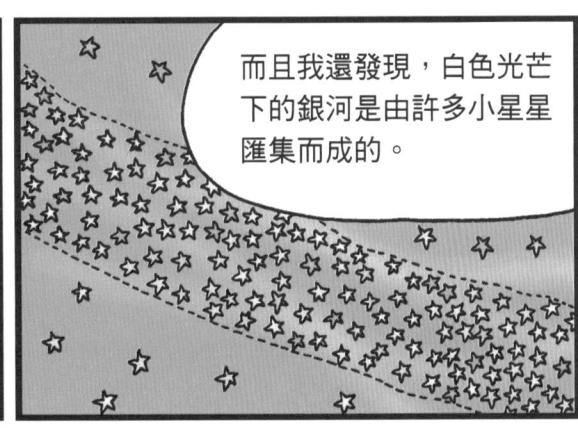
大家知道這是什麼意思嗎？我可是很快就覺察到了……

那就是我找到了決定性的觀點，可批判亞里斯多德所說「月球和太陽的表面是光滑的」是錯誤的。

亞里斯多德

不僅如此，我還發現了木星周圍有四顆小行星……

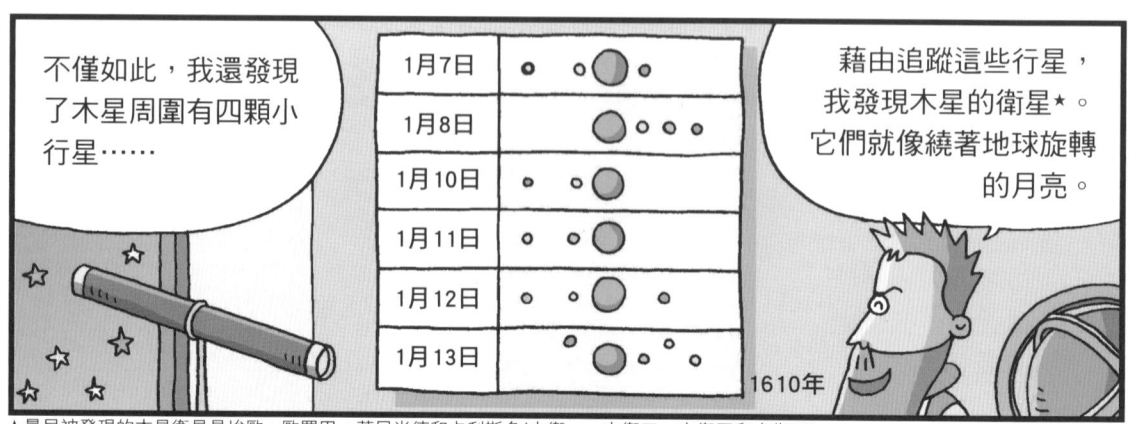

1月7日		○ ● ○
1月8日		● ○ ○ ○
1月10日	○	○ ●
1月11日	○	○ ●
1月12日	○	○ ●
1月13日		○ ● ○ ○

1610年

藉由追蹤這些行星，我發現木星的衛星★。它們就像繞著地球旋轉的月亮。

好好想一想吧，木星的周圍圍繞著其他的行星，不就意味著小行星圍繞在大行星的周圍嗎？

我是想告訴那些反駁太陽中心論的人……

地球是月亮圍繞的中心，這完全打破了宇宙中沒有其他中心的學說。

呵呵呵

垃圾桶

我發現太陽中心最具有價值的證據，就是金星的變化。

金星用肉眼看，無論何時都感覺是圓形的。

然而，用望遠鏡觀測，有時像個半圓形，有時又像一輪新月。

82

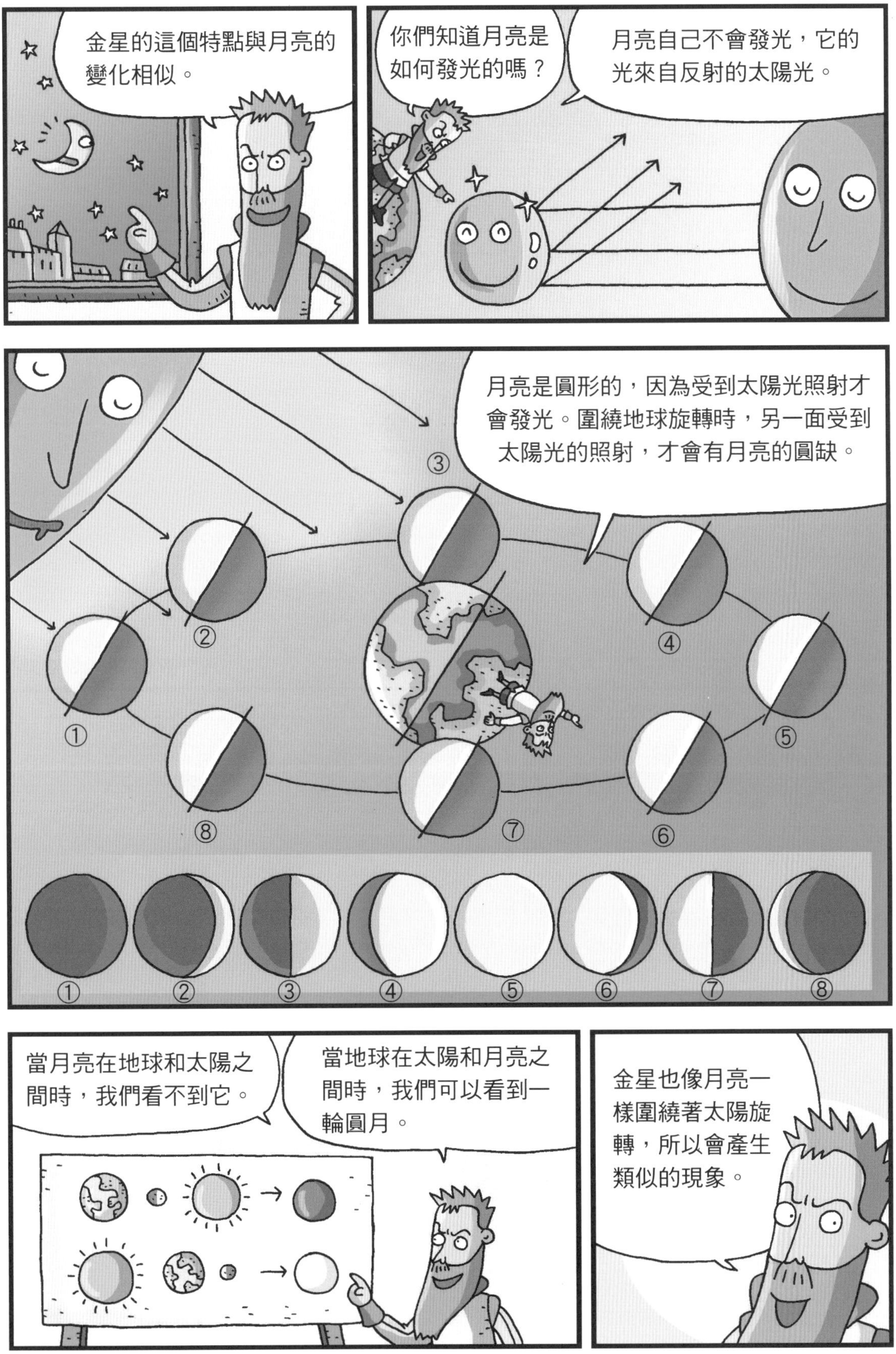

金星的這個特點與月亮的變化相似。

你們知道月亮是如何發光的嗎？

月亮自己不會發光，它的光來自反射的太陽光。

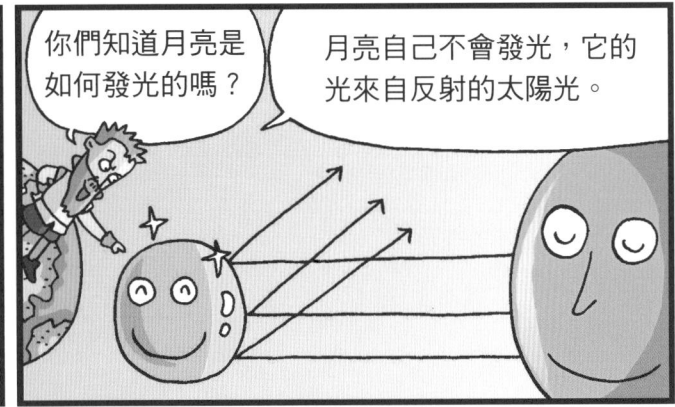

月亮是圓形的，因為受到太陽光照射才會發光。圍繞地球旋轉時，另一面受到太陽光的照射，才會有月亮的圓缺。

③

②

④

①

⑤

⑧

⑦

⑥

① ② ③ ④ ⑤ ⑥ ⑦ ⑧

當月亮在地球和太陽之間時，我們看不到它。

當地球在太陽和月亮之間時，我們可以看到一輪圓月。

金星也像月亮一樣圍繞著太陽旋轉，所以會產生類似的現象。

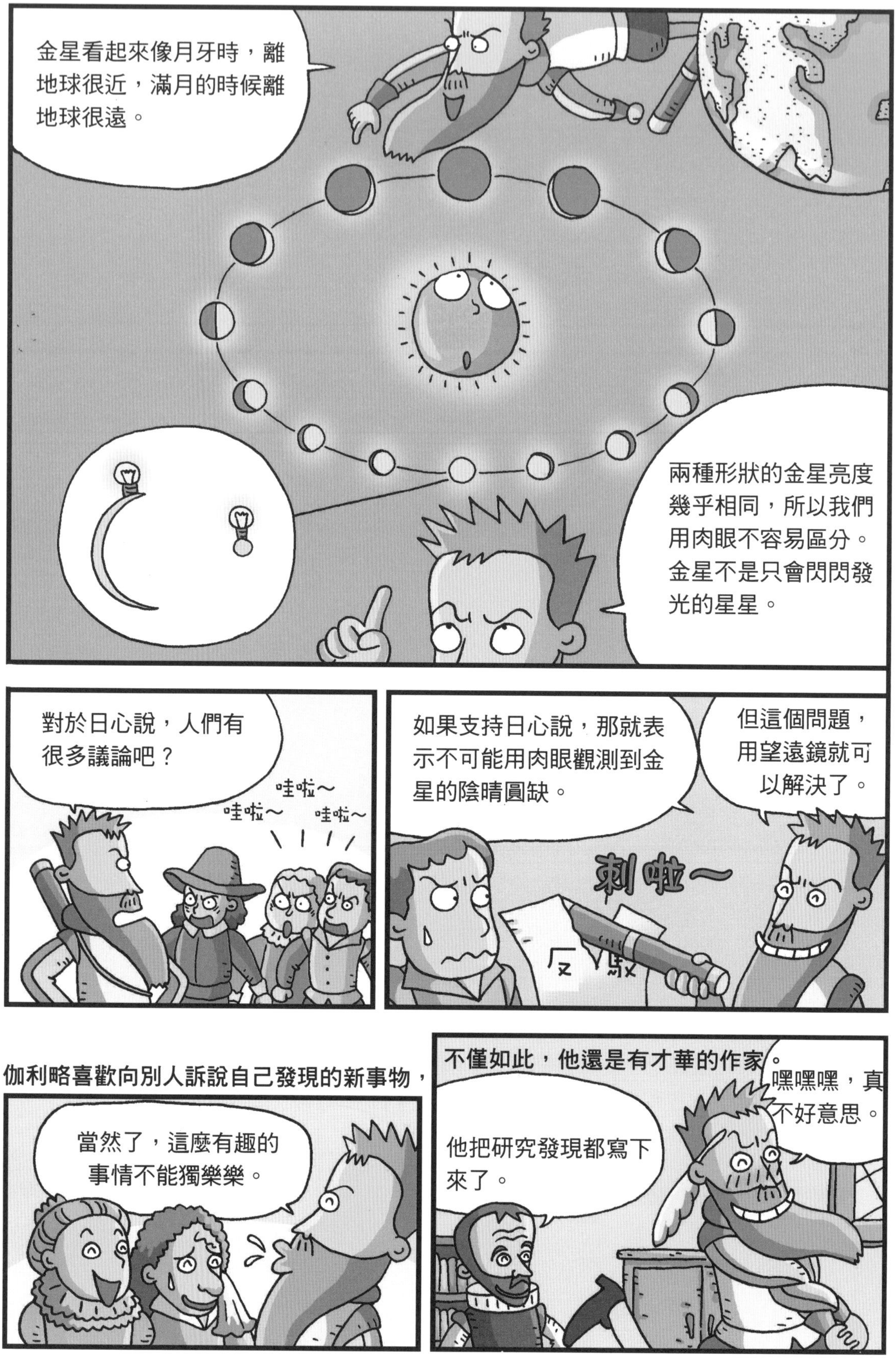

金星看起來像月牙時，離地球很近，滿月的時候離地球很遠。

兩種形狀的金星亮度幾乎相同，所以我們用肉眼不容易區分。金星不是只會閃閃發光的星星。

對於日心說，人們有很多議論吧？

哇啦～
哇啦～
哇啦～

如果支持日心說，那就表示不可能用肉眼觀測到金星的陰晴圓缺。

但這個問題，用望遠鏡就可以解決了。

刺啦～

反對

伽利略喜歡向別人訴說自己發現的新事物，

當然了，這麼有趣的事情不能獨樂樂。

不僅如此，他還是有才華的作家。

他把研究發現都寫下來了。

嘿嘿嘿，真不好意思。

伽利略把從1610年以來，觀測到的天文學理論整理成書。

這本書讓歐洲人知道了他的大名，

您能幫我簽名嗎？

為什麼不呢？我還可以藉此多賺些錢。

哇

之後，許多的天文學家也受到他的啟發。

這就是伽利略和克卜勒的不同之處。

都紛紛製作望遠鏡來觀測星空，以此證實我的言論是否正確。

伽利略認為日心說是正確的，也做了簡單的說明。

而克卜勒的書除了數學家，其他人都看得一頭霧水。

而天主教教會不承認伽利略這個新的思想，

什麼，騙子？

憤怒～

這不是騙子的學說嗎？

還發表聲明，宣布伽利略的言論是錯誤的。

什麼，可惡？

伽利略的言論是錯誤的！他是異端，挑戰了亞里斯多德的言論，真是太可惡了！

嘩啦啦～

為了替自己申辯，伽利略在1611年去羅馬。

我要向教皇展示自己製作的望遠鏡。

但是無論伽利略怎麼努力，還是繼續被認為是異端。

喂！只要看一次，你就會知道我說的是正確的。

我才不會上當呢，我為什麼要看呢？木星不可能像行星一樣。

可不是嗎，太陽的斑點在哪裡？是不是你的望遠鏡鏡頭有灰塵？

等待號碼

結果，伽利略在1615年被抓到羅馬的異端裁判所。

你知道我們為什麼要你來這裡嗎？

知道。

你還是放棄日心說吧。它已經被認為是異端的言論了。

教皇，我可是忠實的教徒啊。

反正《聖經》中也沒有提到關於自然的理論。

....

所以，科學家才能夠放心的研究自然，這可是不違背《聖經》理論的。

請相信我，好嗎？

好吧。我也不想讓別人說我懲罰有名的學者。

是吧？

但是，我有一個條件，今後你不能再發表任何言論。

啊？

如果你能以中立的態度寫出關於地心說和日心說的書，我就會網開一面。

……

然而，伽利略並沒有改變自己的想法。

如果我那樣做，就不是伽利略了。

經過長時間的醞釀，他終於寫出了一本書。

天文對話

這本書原名《關於托勒密和哥白尼兩大世界體系的對話》，最後被簡稱為《天文對話》。

這本書是支持哥白尼學說的人、

支持托勒密學說的人和中立者三方以對話的形式對宇宙進行的論證。

讓我們來較量較量！

你問是誰獲勝？想想就知道了，是支持哥白尼的人獲得了最終的勝利。嘿嘿。

其實，這本書也寫到日心說，

雖然交換條件是寫出地心說的有利證據，才獲得出版許可……

……

你以為我會遵守約定嗎？

啊～

這本書是按照對我有好感的教皇烏爾班八世的要求寫的。

……

早就對我心懷不滿的學術騙子立即和教會勾結，

嘰哩呱啦

他們羅織罪名、策劃陰謀，為迫害我而大造輿論。1633年，我再次受到宗教審判。

我寫這本書不是用拉丁語，而是普遍使用的義大利語，

因此，書的內容簡單易懂，得以廣泛流傳。

然而，還是有很多人不能接受哥白尼的世界觀，

有些人還極其憤怒。

教會逼我放棄哥白尼的假說，還判我犯了宣傳異端之罪。

過去的宗教審判是非常嚴厲的。由神父擔當審判官，

在審問過程對嫌犯嚴加拷問，

異端分子被處以火刑。

我絕對不會忘記，1600年布魯諾*就是被這些披著黑色道袍、道貌岸然的上帝衛道士活活燒死的。

宗教審判的最終結果就是接受火刑。我如果繼續反抗，下場絕不會比布魯諾好。

★布魯諾：文藝復興時期義大利哲學、數學及天文學家。

我在寫《天文對話》時，雖然得到了教皇的允許，

卻因自己年紀大、病魔纏身而不得不承認自己有過錯。

在審訊和刑法的折磨下，伽利略被迫在法庭上當眾懺悔，同意放棄哥白尼學說，並且在判決書上簽了字。

再大聲一點！

我取消我的言論！

唉～我怎麼活得越來越不像自己。

雖然我的言論被推翻了，但我絲毫不覺得不幸。

因為人們知道酷刑並沒有澆滅我的信念。

即使遭受軟禁也沒什麼，因為軟禁在朋友家也不會不方便。

尤其是在研究科學時，沒有其他人的打擾和約束。

這樣的研究持續了一段時間後，我的眼睛卻越來越看不清楚東西了。

模模糊糊

雖然我失明了，但我讓學生把我的思想記錄下來，裝訂成書。

維維亞尼

我的書《兩門新科學的對話》透過朋友幫助在荷蘭出版。

這本書總結了物理學研究的系統。

雖然伽利略的研究並非都是正確的，

只是沒有完全理解克卜勒的研究而已。

你別再說了。

但他不屈不撓的個人意志，

因為受到教會的排擠，又被公眾唾棄，去世時連葬禮都沒有，更別說墓地了。

1992年，蒙冤360年後我終於獲得平反。梵蒂岡教皇若望‧保祿二世說，當年處置我是「善意的錯誤」。他對在場的教廷聖職人員和紅衣主教說：「永遠不要再發生另一起伽利略事件。」

以及堅持的精神給許多人留下了深刻印象。

許多人仍然記得我晚年在法庭上說的話：「即使你們判決我有罪，我也仍舊堅持地球是旋轉的。」

即使我不這樣說，透過我的言行，人們也會明白我堅持自己的信念。

波蘭的天文學家約翰‧赫維留被認為是克卜勒的後繼者，

你怎麼現在才介紹我啊。

約翰‧赫維留
(西元1611～1687)

赫維留學習過法律，雖然之後回到故鄉成為公務員，

哎呀，我可不想讓你們了解這一段經歷。

但他最終還是轉為研究最感興趣的天文學。

這才是我真正想要介紹給大家的經歷。

我在自家屋頂上建了一個天文台。

天文台的上方裝置了大帳篷，在這裡觀測天體不受天氣的影響。

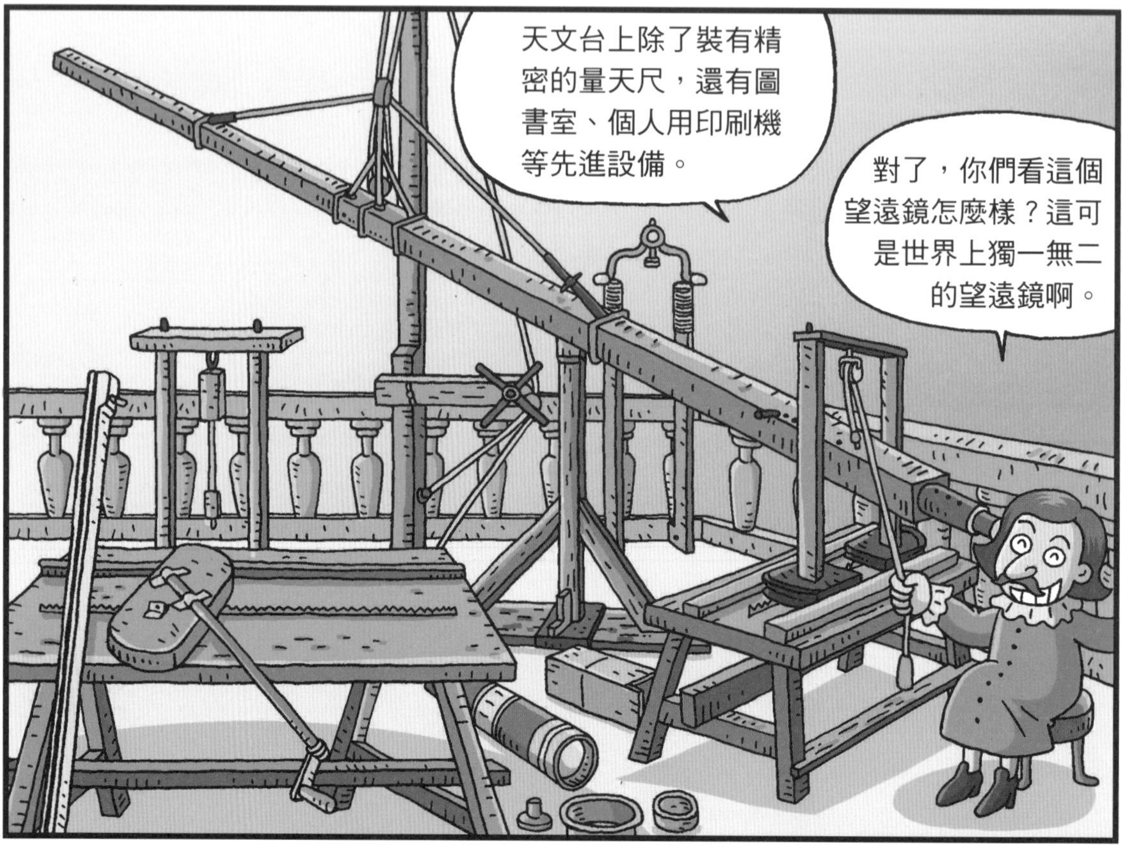

天文台上除了裝有精密的量天尺，還有圖書室、個人用印刷機等先進設備。

對了，你們看這個望遠鏡怎麼樣？這可是世界上獨一無二的望遠鏡啊。

其實，赫維留並沒有太依賴這台望遠鏡。

我確信，依靠精密的量天尺幾乎不會出現誤差。

其實，用望遠鏡產生的誤差也不過2～3度。

他最大的貢獻就是畫出月球的地圖。

月球地圖

1647年，他出版的書號稱打開了天文學的新領域。

他用折射望遠鏡觀測月球，認為月亮表面的黑斑是水集合而成的。他把這種現象命名為「寒冷的大海」或是「暴風的大洋」。

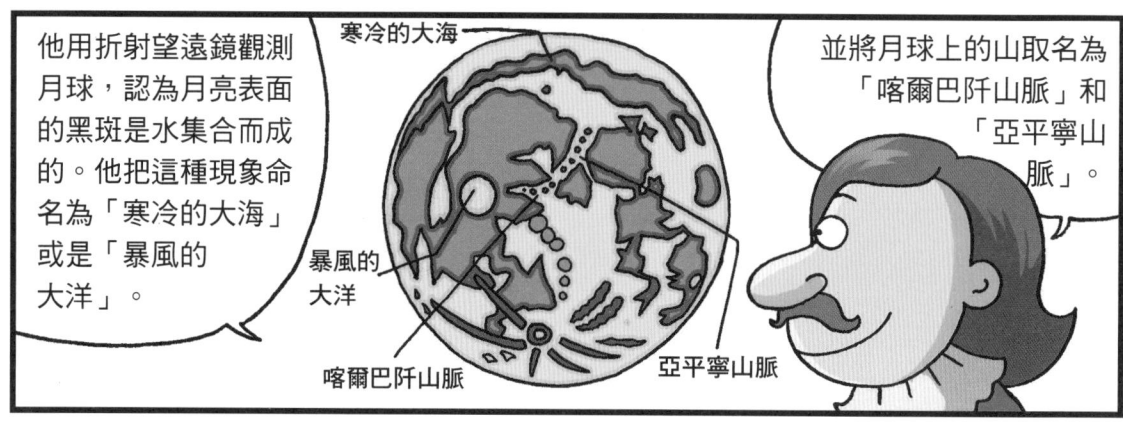

寒冷的大海

暴風的大洋

喀爾巴阡山脈

亞平寧山脈

並將月球上的山取名為「喀爾巴阡山脈」和「亞平寧山脈」。

赫維留觀測到彗星的移動。

1668年他寫了《彗星地圖》，

並第一次指出彗星是「沿著拋物線軌道運行的天體」。

在這時期，歐洲的國立天文台也紛紛建立，

英國的格林威治天文台建於1675年，是在查理二世的允許下建立的。

法國的巴黎天文台建於1667年，是法國國王路易十四根據海軍國務大臣讓－巴普蒂斯特·柯爾貝爾的建議而建立的。

這些天文台的基本裝備都是望遠鏡。

天文台上安裝的望遠鏡不僅可以設置在屋頂，也可以設置在庭院。

已經達到了近代天文台的標準。

巴黎天文台的首任台長是義大利人卡西尼，

卡西尼
(西元1625～1712)

他師從伽利略的學生卡瓦列里。

我原本想當神職人員，但是遇到卡瓦列里之後改變了想法，成為了博洛尼亞大學天文學教授。

最初，他主要觀測太陽。

也許是因為有台性能不錯的望遠鏡，觀測方向逐漸轉為觀測行星。

他於1665年發現了木星上的大紅斑。

在木星南緯*約20度附近發現了一個紅色的斑點，

如果觀測到大紅斑的變化及木星衛星的影子就不難發現，木星的自轉週期為9小時56分。

用相同的方法可以計算出火星的自轉週期。

大紅斑

自轉時間

★南緯：從赤道到南極的緯度。

他更計算出了伽利略發現的木星四個衛星的運行表。

這個運行表被用於確認海上經度。

不僅如此，卡西尼還發表了許多篇關於洪水調節的論文。

對應用數學也有很大貢獻。

路易十四非常認可他的貢獻，並邀請他去法國巴黎。

來吧！

呵呵，我是科學研究院的會員。

1671年，被任命為法國巴黎天文台的台長。

看來國王真的很喜歡我呢。

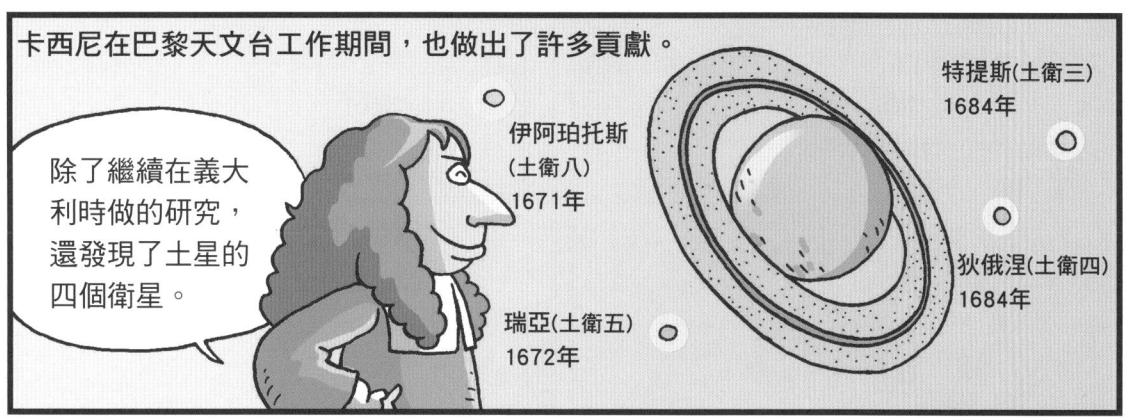

卡西尼在巴黎天文台工作期間，也做出了許多貢獻。

除了繼續在義大利時做的研究，還發現了土星的四個衛星。

伊阿珀托斯(土衛八)
1671年

瑞亞(土衛五)
1672年

特提斯(土衛三)
1684年

狄俄涅(土衛四)
1684年

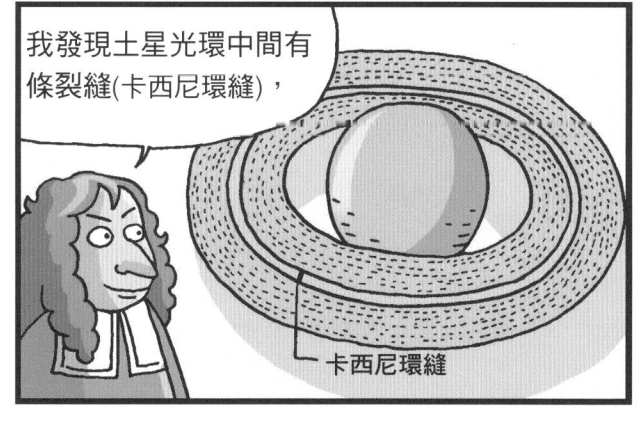

我發現土星光環中間有條裂縫(卡西尼環縫)，

卡西尼環縫

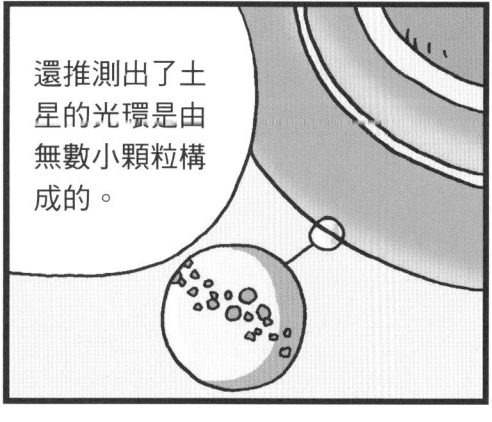

還推測出了土星的光環是由無數小顆粒構成的。

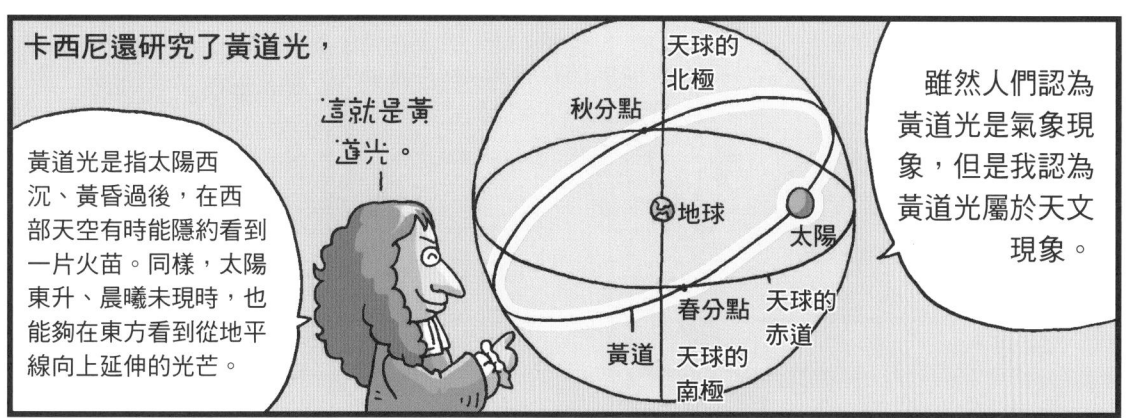

卡西尼還研究了黃道光，

這就是黃道光。

黃道光是指太陽西沉、黃昏過後，在西部天空有時能隱約看到一片火苗。同樣，太陽東升、晨曦未現時，也能夠在東方看到從地平線向上延伸的光芒。

天球的北極

秋分點

地球

太陽

春分點

黃道

天球的赤道

天球的南極

雖然人們認為黃道光是氣象現象，但是我認為黃道光屬於天文現象。

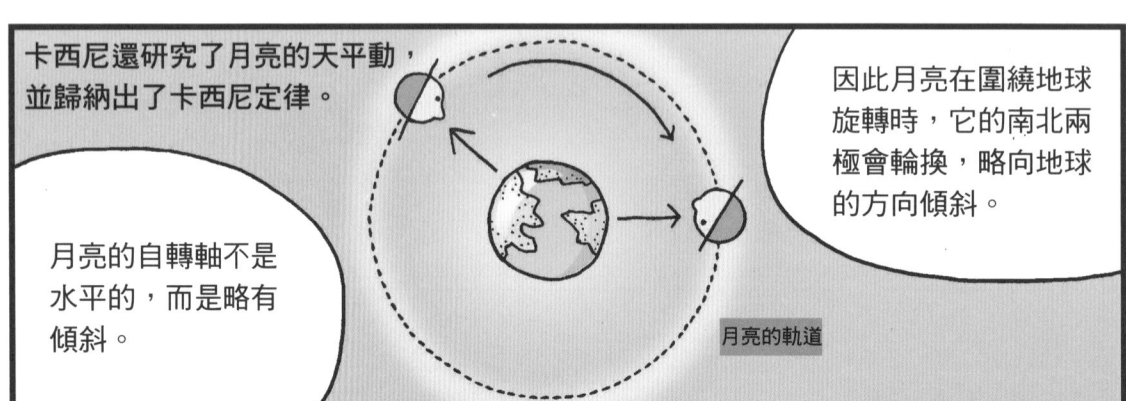

卡西尼還研究了月亮的天平動，並歸納出了卡西尼定律。

月亮的自轉軸不是水平的，而是略有傾斜。

因此月亮在圍繞地球旋轉時，它的南北兩極會輪換，略向地球的方向傾斜。

月亮的軌道

就像人在點頭時的樣子，月亮也是前後運動的，這稱為「天平動」。

點頭

點頭

點頭時，看一看原先正面看不到的那部分。

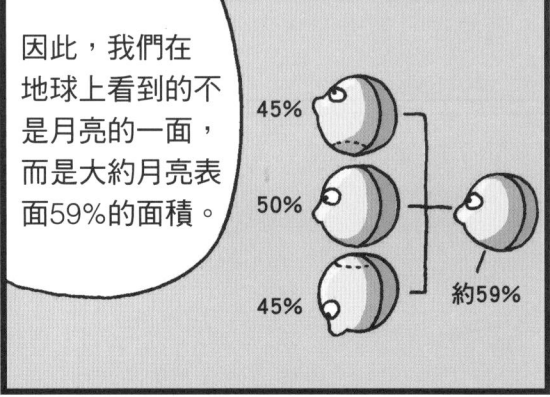

因此，我們在地球上看到的不是月亮的一面，而是大約月亮表面59%的面積。

45%

50%

45%

約59%

但是，保守的卡西尼卻不接受克卜勒的理論。

你說我保守？我只是接受部分的日心說而已。

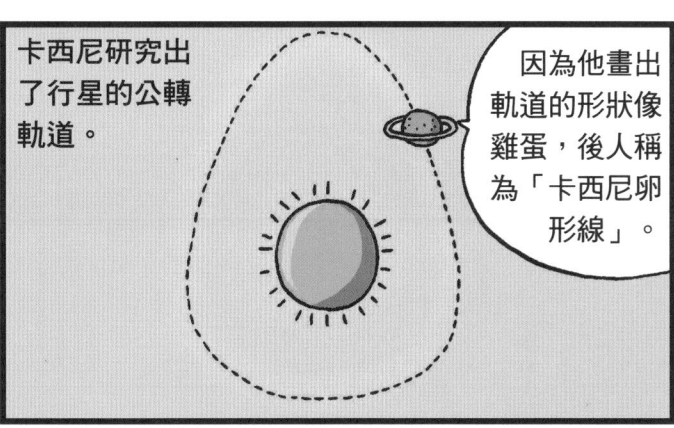

卡西尼研究出了行星的公轉軌道。

因為他畫出軌道的形狀像雞蛋，後人稱為「卡西尼卵形線」。

他還發表了兩本論著。

天文學論文集

天文變量要素

1666年《天文學論文集》，1693年《天文變量要素》。

他1673年入籍法國，一家四代都為天文學的研究做出了貢獻。

我的兒子、孫子也都擔任過法國巴黎天文台的台長。

約翰·佛蘭斯蒂德出生在英國，他是自學成才的天文學家，

幼時因痛風導致身體虛弱，不得不放棄學業。

約翰·佛蘭斯蒂德
(西元1646～1719)

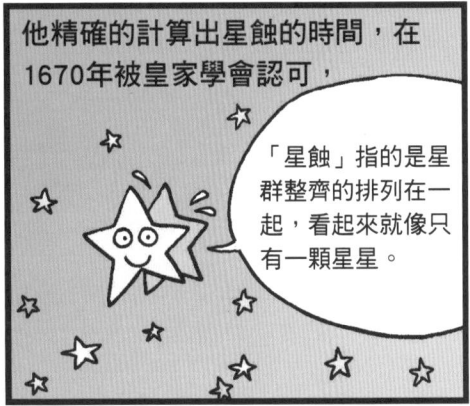

他精確的計算出星蝕的時間，在1670年被皇家學會認可，

「星蝕」指的是星群整齊的排列在一起，看起來就像只有一顆星星。

透過皇家學會的推薦，佛蘭斯蒂德得以在大學繼續進修。

大學畢業後，成為海上經度測定員。

1677年，他正式成為皇家學會的會員，並向國王建議建立天文台。

你說我們需要建天文台，是嗎？

那好吧！

真的嗎？

獲得了國王的允許，他馬上開始動工。

但是你要知道，皇室沒有錢啊！

你最好自己籌備資金。

啊？

經過11年艱苦的建造，格林威治天文台終於建好了。

為了籌集資金，我又開始教授學生。

1+1=2
2+1=3

佛蘭斯蒂德時任天文台的首任台長，

……

真是太不容易了……

不過他與當時許多天文學者的關係非常不好。

討厭！

煩人！

理由是他沒有公布研究的成果。

佛蘭斯蒂德是非常有主見、耐性很好的研究學者，沒有得到證據前，絕對不會發表任何言論。

然而其他學者卻希望透過皇家學會把觀測到的結果公諸於世⋯⋯

哼！

馬上公布！

快快

資料公開

有些人甚至不顧佛蘭斯蒂德的反對，出版他的觀測結果。

這件事發生在1712年，當時這本書印了400餘冊。

這400餘冊書籍中有300冊被佛蘭斯蒂德奪回燒掉。

真是太有個性了

最終他發表的恆星表，被認為是非常完美和精確的。

1725年出版的恆星表，包含3000多顆恆星，比過去的星表都大，準確度也更高。

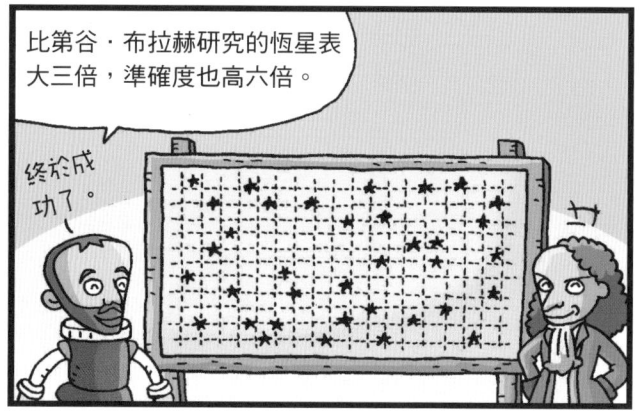

比第谷・布拉赫研究的恆星表大三倍，準確度也高六倍。

終於成功了。

【番外篇】天文學家伽利略和土星的愛恨情仇

人類最初觀測宇宙的方式，是透過望遠鏡。

呵呵！我看到了。

啊！是土星！但兩側鼓起、類似斑點的東西是什麼呢？

伽利略看到了土星的光環。

當時望遠鏡性能不夠好，看不清楚土星光環，甚至有點像斑點。

伽利略發出了感嘆。

呀！真漂亮啊！這景象難道不像克洛諾斯被他的孩子攙扶的樣子嗎？

克洛諾斯是誰呢？正如大家所知，在西方許多行星都是以羅馬神明的名字命名的。

| 水星 神的使者 墨丘利 | 金星 愛與美之女神 維納斯 | 火星 戰爭之神 瑪爾斯 | 木星 主神 朱比特 | 土星 泰坦巨神 克洛諾斯 |

克洛諾斯是主神朱比特的父親，是第一代神王烏拉諾斯的兒子。

我是泰坦巨神，力量無比強大。想跟我比一下嗎？

哎呀~

哈 哈 哈 哈 哈

他曾因母親的慫恿，用鐮刀砍殺並推翻了父親。

後來我的父親預言我也將被自己的孩子推翻，

別擔心了。

預言不一定會實現。

於是子女一出生，就被他吞進肚子裡，只有朱比特倖免。

咕咚

呀！你怎麼又把孩子吞進肚子裡去了？

幾天後，伽利略再次觀測土星。這次觀測結果讓他大吃一驚。

不對呀！這是怎麼回事？克洛諾斯兩邊的孩子怎麼不見了？

其實，土星光環非常薄。角度不對，有時候是看不到的。

然而，伽利略並不知情，於是他氣憤的說：

難道克洛諾斯又把自己的孩子吃掉了嗎？

嘿嘿！

氣憤的伽利略再也不肯用望遠鏡觀測土星了。

你……你太壞了!!

土星的光環最後被惠更斯★發現。

★關於惠更斯的故事，請參考本書第158頁。

那麼，克洛諾斯最後怎麼樣了呢？他的妻子瑞亞從他的嘴裡奪下了一個孩子。

哇～

這個孩子長大後，力量巨大無比。

被奪回的孩子朱比特

結果，克洛諾斯被自己的孩子推翻了。

哎呀，我就知道會是這樣。

在科學事實面前，勇敢的伽利略也有過這樣的幻想吧。

嘿嘿，想像力是科學家具備的最基本素質！

101

科學革命
物理學

向近代物理學
邁進

自然界構造複雜,現象也繁多。

我們就是在觀察自然、解釋自然現象的過程中,開始科學研究的。

原子是什麼樣子?

運動的法則是這樣的。

萬物的基本要素是那樣的。

嘮嘮叨叨!

物理學是自然科學的分支,它研究物質的運動、構造、熱、光、電磁、聲音等所有物質的狀態。

雖然物理學是古希臘人最熱中研究的領域,

……

但在中世紀重視創造論的神學氣圍下,卻沒有任何發展。

然而，隨著時代的變遷，從文藝復興時期開始，出現了一批物理學的開拓者。

物理學

他們從具體事實中尋找法則，

為了證明法則的普遍性，制定計畫。

並努力運用數理性★解釋結果。

數理性

★數理性：數學的理論、道理。

這些研究成果跨越了亞里斯多德和柏拉圖★所建構的抽象中世紀物理學壁壘，

之後由牛頓★加以改進。

★關於牛頓的故事，請參考第五冊。

科學的各個領域之中，物理學最先進入了近代科學。

★關於亞里斯多德與柏拉圖的故事，請參考第一冊第174頁及第169頁。

第一位開拓者是被稱為「磁學之父」的威廉·吉爾伯特。

威廉·吉爾伯特
(西元1544～1603)

他曾是有名的醫生，

他的醫術真有那麼好嗎？

聽說他的診所每天客人不斷，女王也任命他為宮廷御醫。

除了醫學之外，他還對其他領域感興趣。

知道了，等我看完這個。

老師！外面等候的患者太多了！

這是什麼書？有這麼大的吸引力？

這是最近非常暢銷的《自然魔法》！

自然魔法

這本書是波爾塔★寫的，

波爾塔
(西元1535？～1615)

我對科學非常感興趣，就自學了這方面的知識。

好了，你可以回去了。

★波爾塔：文藝復興時期的義大利學者。

1585年，波爾塔還參與了天主教的宗教改革，

並在宗教裁判所接受了調查。

波爾塔的書在1595年被列為禁書。

啊！那您現在讀的就是那本禁書嗎？

別那麼膽小怕事。

略咦～

你是不是應該先問問為什麼這本書會成為禁書啊？

您不是說我膽小怕事嗎？反正我也不想知道什麼禁書不禁書的。

你不問我也告訴你吧，這本書成為禁書的理由是……

我說了不想聽！

其實……沒有人知道原因。

啊？

對了！那些審判官肯定知道原因。

那老師又知道什麼呢？難道有審判官告訴過您原因嗎？

沒有呀，我是覺得我們可以推測一下理由。

老師，外面等待的患者太多了。您還是別說廢話了。

沒禮貌，我的推測可不是毫無根據。

當時拿坡里的學會都被解散了。

106

《自然魔法》中記錄了波爾塔從15歲開始的所有研究。

比如望遠鏡、照相機的原理……

以及隱形墨水的製作方式和治療女子青春痘的方法。

還有神奇鏡子的製作方法，它可以把人臉照成驢、狗、豬的模樣。

書中記載了很多奇妙的原理和試驗，雖然有些迷信的色彩，

跟我來！

但書中也有提到用磁石來製作指北針，會受到北極星的影響……

神奇吧？讀了之後覺得很有意思，萬事萬物都有想像的可能。

怎麼樣？你也讀一讀嘛。

你不感興趣嗎？

不是的，是因為外面等待的患者越來越多了。

你真是沒有想像力啊！

不是的！我在說外面的患者！

看到這本書的科學家會熱血沸騰。

研究科學的基本態度是：不懂就問，不要放過任何疑問。

我從一開始就有疑問，磁針為什麼一定會指向北方？

雖然有理論說是因為北極星對磁針的影響，

但從其他資料中找不到支持的證據……

不然今天診所關門一天，好吧？

這是真的嗎？我太好奇了，難道就不能找到證據嗎？

我知道了，今天還是休息吧。

今日公休

吉爾伯特為了解決疑惑，便往各個方向進行調查。

還詢問了許多經常使用指北針的船員，

以及製造船舶的木工。

也翻閱了很多書籍。

你問醫生在不在？他今天又沒有來上班。

109

嗯，越調查越解不開疑問。

為什麼？

那是因為有的人這樣說……

北極有一塊很大的磁鐵，所以磁針的方向肯定受到了影響。

還有人那樣說……

你怎麼能問我這樣的問題呢？答案只有上帝知道。

總之，每個人跟我說的都不一樣。

但也不是沒有道理。

那您要放棄嗎？

絕不！我一定會把真相找出來，等著瞧吧。

我的內心像是有一團火在燃燒！

是！

最終吉爾伯特透過實驗印證了他的想法。

想想吧，如果北極星會對磁針產生影響，

磁針為什麼不指向北方的天空呢？

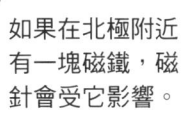

如果在北極附近有一塊磁鐵，磁針會受它影響。

以我在倫敦為例，這時的北極在地平線以下，難道磁針所指的方向會朝向地面？

如果想對此進行實驗探究，就需要一個與普通指北針不同的東西。

在一根針上放上磁針……

這是一個能夠讓磁針自由旋轉的工具。

羅盤針

用這個工具進行實驗得出的結果是……

啊！傾斜了，指針向著北方的地面傾斜了。

我從這個實驗中得到了兩個結論：一是北極星對磁針沒有影響。

…

二是北極的巨大磁鐵也沒有影響磁針。

如果北極的磁鐵對磁針產生影響，那麼傾斜的磁針度數應該在38度。

38°

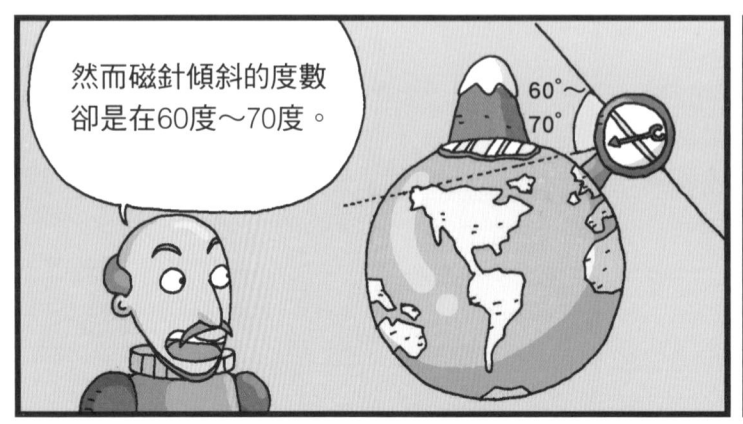

然而磁針傾斜的度數卻是在60度～70度。

60°～70°

這結果意味著什麼呢？那就是對磁針產生影響的不是北極星或磁鐵。

如果不是北極星和磁鐵，又是什麼呢？還有一件事情就是，

如果在其他地方還存在巨大的磁鐵，也沒有辦法解釋指針一定會指向北方啊。

到底是什麼東西影響了指針？你是怎麼想的？

老師！請不要向患者提這種問題！

不過影響磁針的也可能是磁鐵……

難道地球本身就是一個巨大的磁鐵？

嘩啦

嗯！這麼想也有點道理……

但怎樣才能找到地球是磁鐵的證據呢？

最近那個人怪怪的。

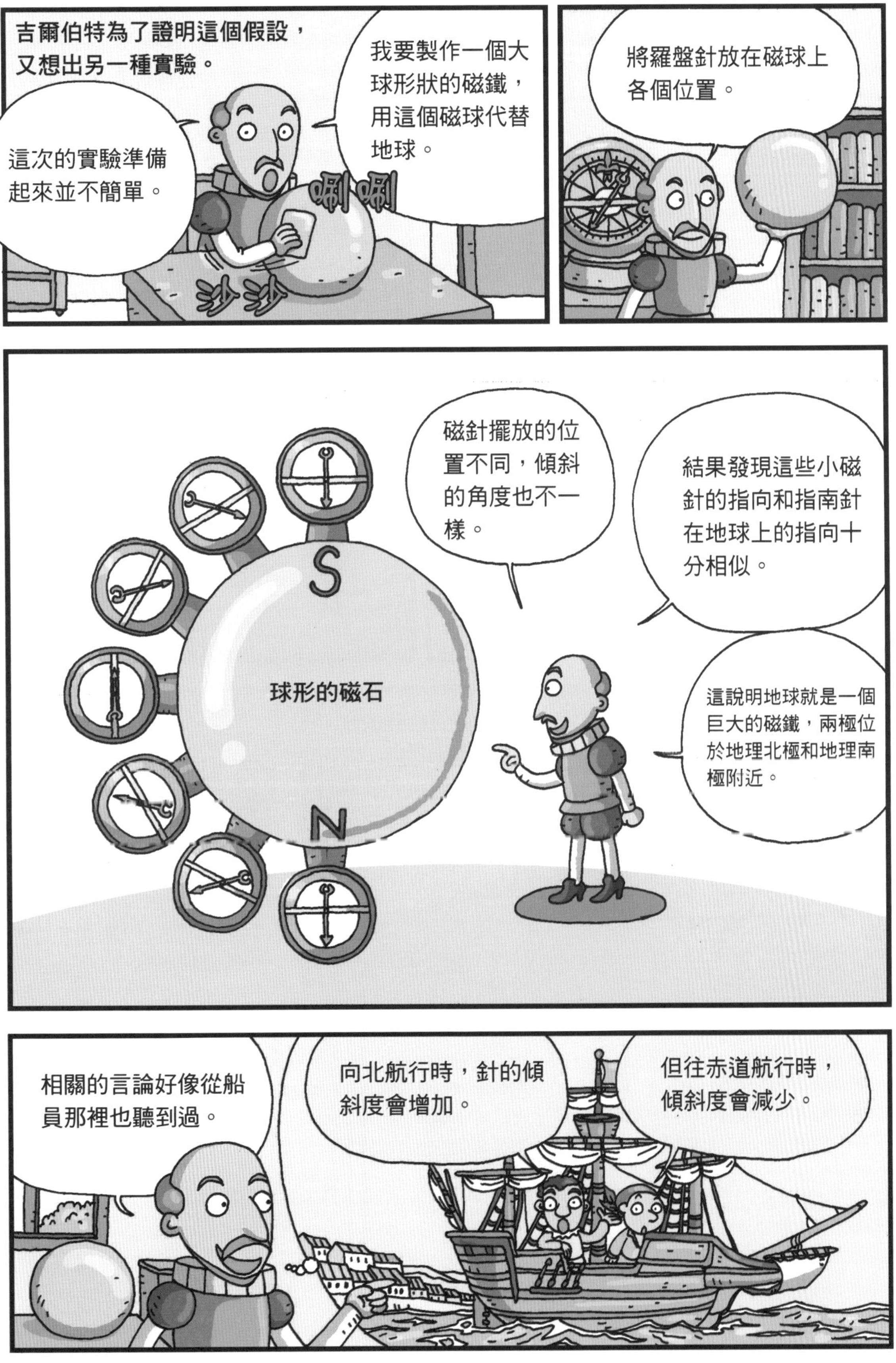

地球就是一個巨大的磁鐵。

是個表面覆蓋有水、岩石、泥土的巨大磁鐵。

你們現在明白指針為什麼會指向南方或北方了吧。

地球北極是磁性南極(S極)，地球南極是磁性北極(N極)，指北針就是利用磁性物體在磁場中受力而轉動的。

我一點也不好奇。

做地球磁鐵實驗的時候，還有一點很有意思。

那就是磁鐵的表面很不規則，就像是地球表面有很多山川，高低不平。

這時，指針傾斜的角度也會不同嗎？

船員也提過，指北針指的方向並不是正北方。

這是因為地磁南北極與地球南北極存有「地磁偏角」。

偏角

當時我認為偏角產生的原因是因為地球表面高低不平。

吉爾伯特以這個發現為基礎，進而研究其他科學理論。

磁石真的很神奇，如果在天然磁鐵上吸附上鐵，

磁力就會變強。

如果有更多更大的鐵片吸附在上面，磁力就會變得更強。

喔！

我認為磁力就像是人體的精神，使人能運動一樣。

地球的磁力一直延伸到天上並使宇宙合為一體。

重力？也是因為磁性力量使物體附著於地面。

這種情況雖然不能進行實驗與觀察，但我認為是正確的。

也就是說地球每天都在自轉。

所以這位就是英國最早接受日心說的科學家。

根據佩雷格林納斯★理論，圓形的磁鐵根據自身的力量進行旋轉。

★佩雷格林納斯：13世紀法國學者，最早製造羅盤的歐洲人。

1600年，他的磁石研究出版成書，在英國和
歐洲得到了認可。

這本書是繼佩雷格林納斯之後，客觀反映磁力的科學論著。

磁鐵

這本書只是比之前寫的那本自然科學之書，更深入一點而已。

太厲害了！

不僅如此，他還研究過電。

把一塊寶石攔腰截斷的話，

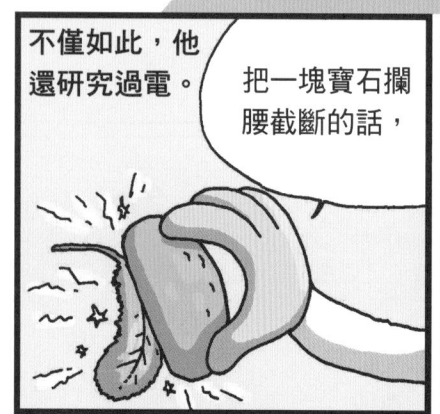

就會發現羽毛會附著在寶石上。

就像磁鐵上吸附了很多鐵粉？

是吧？如果仔細研究就會發現，這種力與磁力不一樣。

經過我的努力研究，我把這種力稱為「電力」。

醫院是不是要繼續休息啊？

你不覺得這很神奇嗎？

之後登場的是實驗科學家西蒙·斯蒂文。

呵呵！

西蒙·斯蒂文
(西元1548～
1620)

他自學成才。

我克服艱難險阻，一直堅持自學。

35歲時，才在魯汶大學接受正規教育。

他20歲的時候打算去國外旅行。

趁自己還走得動，也有時間、有錢的時候，

去了挪威、波蘭、波斯等地。

最後停留在荷蘭這個地方。

當時荷蘭是個獨立沒多久的國家。

我在這裡做了許多事情，但最早擔任的是財政官。

他常以數學的方式解決問題。

我把常時的會計分為皇家會計和政府會計兩種，

最早研究了義大利的複式簿記法★。

還出版了便於商人們使用的計算表。

★簿記按其採用的記賬方法不同，分為單式簿記法和複式簿記法。

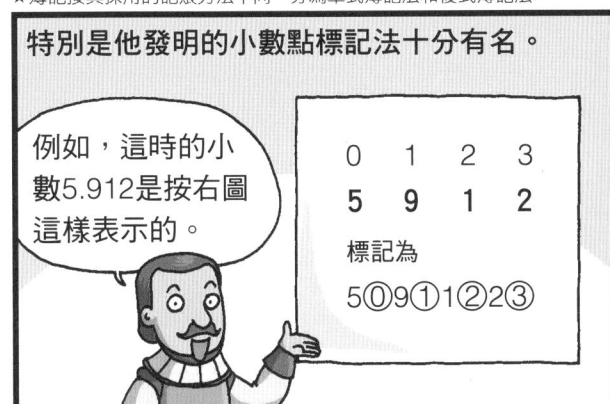

特別是他發明的小數點標記法十分有名。

例如，這時的小數5.912是按右圖這樣表示的。

0	1	2	3
5	**9**	**1**	**2**

標記為

5⓪9①1②2③

當然，這種標記法比現在的複雜多了。

呵呵呵

不過這個標記法在當時十分好用，很快就被大家所運用。

當時的算術也因而發展。

我還出版了許多本書呢。

其實，斯蒂文最大的貢獻在力學方面。

一次偶然的機會，我得以負責城堡和水門★建造的工程。

這些都是與軍隊有關的事情。

★水門：用水流進行阻擋或調節開關的門。

在建造這些工程的過程中，我學到了很多關於力學的知識。

我在1586年出版了三本關於力學的書。

水重量原理

平衡原理

計量實際

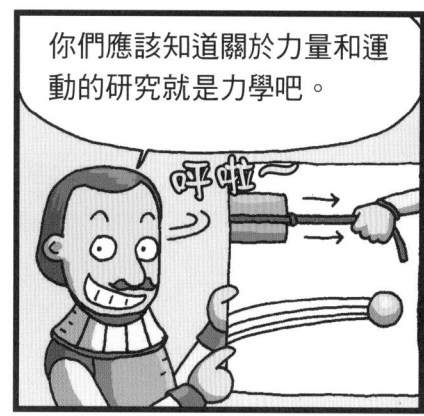

你們應該知道關於力量和運動的研究就是力學吧。

但如果力量實現平衡，對於這個停止狀態的研究，也屬於力學嗎？

斯蒂文三本靜力學著作把阿基米德的理論發揚光大。

改進工程中運用到的滑輪，

研究浮力的原理，並製造出性能好的船舶。

我研究的領域雖然很多，但阿基米德的力學是最有用處的。

特別是《水重量原理》，成為阿基米德之後，浮力方面最具代表性的著作。

這本書闡述了物體浸入水中的相關研究。

水重量原理

荷蘭既重視貿易，又重視國防，而且因為靠海，對船舶的性能要求很高。

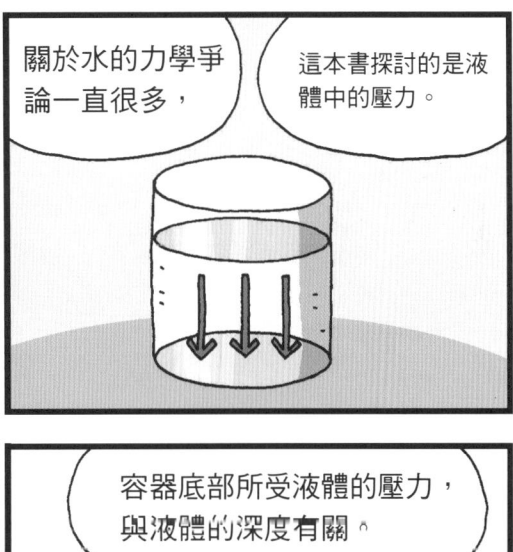

關於水的力學爭論一直很多，

這本書探討的是液體中的壓力。

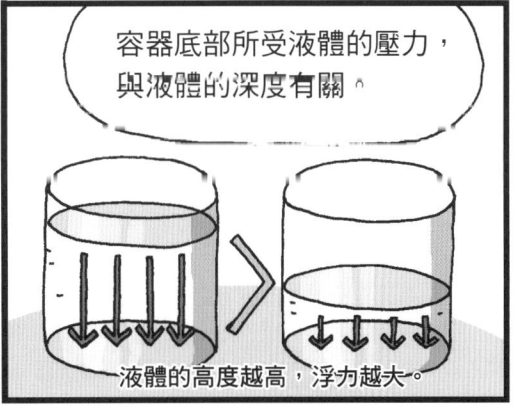

容器底部所受液體的壓力，與液體的深度有關。

液體的高度越高，浮力越大。

接受壓力的表面積不同，壓力也不一樣，這個規律與容器的形狀無關。

液體的表面積越大，浮力越大。

在他的力學實驗中，最有名的是關於物體落下的實驗。

大家還記得亞里斯多德說過：重的物體比輕的物體下降速度更快吧？

你們知道他是錯誤的嗎？

呵呵呵

下面就由我來證明一下，你們要看嗎？

嚇～

首先準備兩個用鉛做的圓球，

嗯，一個是另一個重量的10倍。

在地面上放一個利於傳聲的物體。

在一定的高度同時讓兩球落下。

看到了吧？雖然你們已經知道了，

我還是要說明一下。重10倍的鉛球和輕的鉛球在同一時間落地，

落地的聲音也是同時發出的。

120

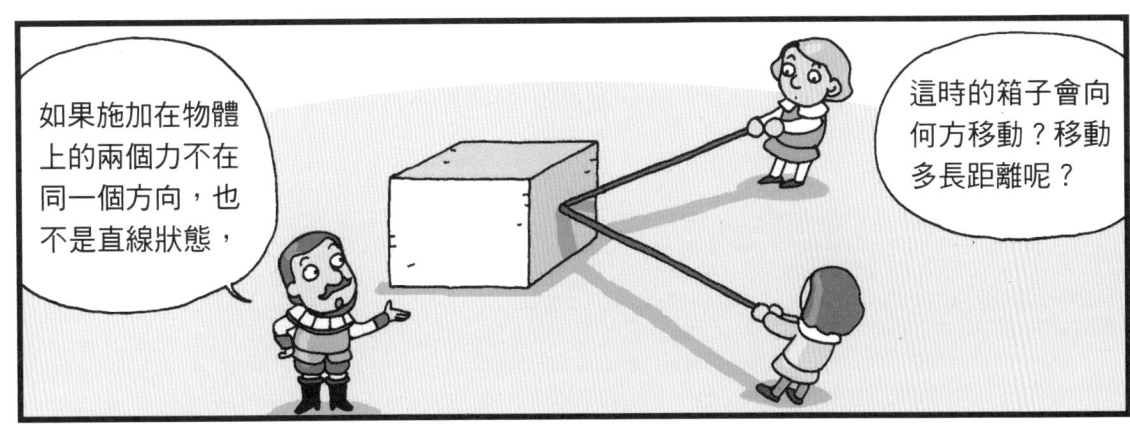

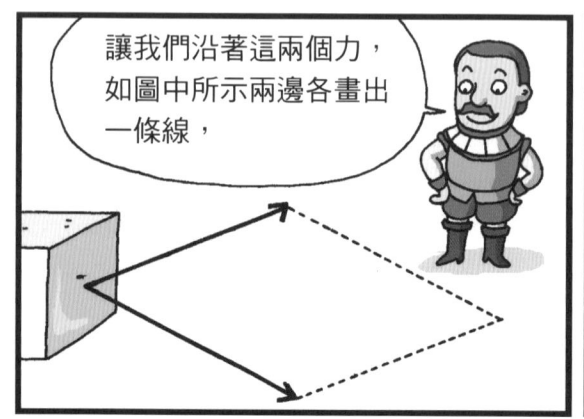

讓我們沿著這兩個力，如圖中所示兩邊各畫出一條線，

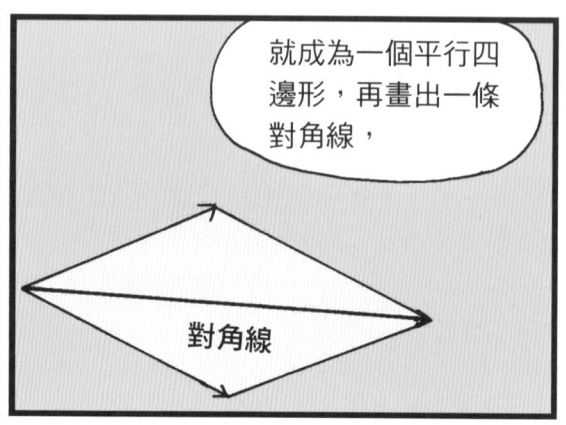

就成為一個平行四邊形，再畫出一條對角線，

對角線

結果是合力的方向與對角線相同，

對角線就代表合力的大小和方向。

對角線代表合力的大小和方向。

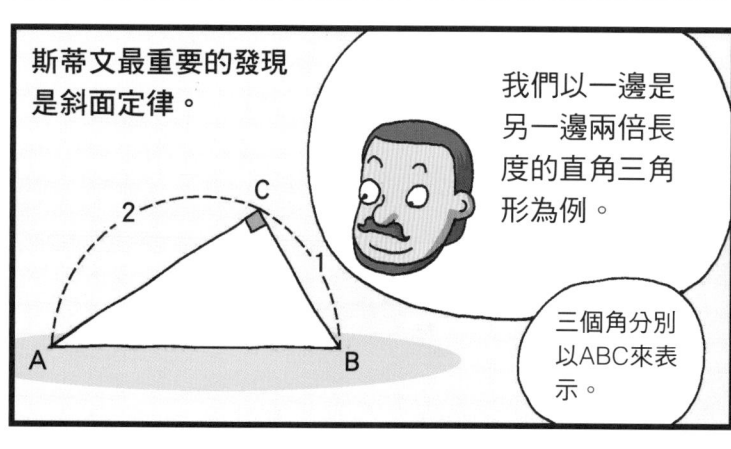

斯蒂文最重要的發現是斜面定律。

我們以一邊是另一邊兩倍長度的直角三角形為例。

三個角分別以ABC來表示。

將14個等量的小球均勻的穿在線上，組成一串球鏈，

嘩啦嘩啦

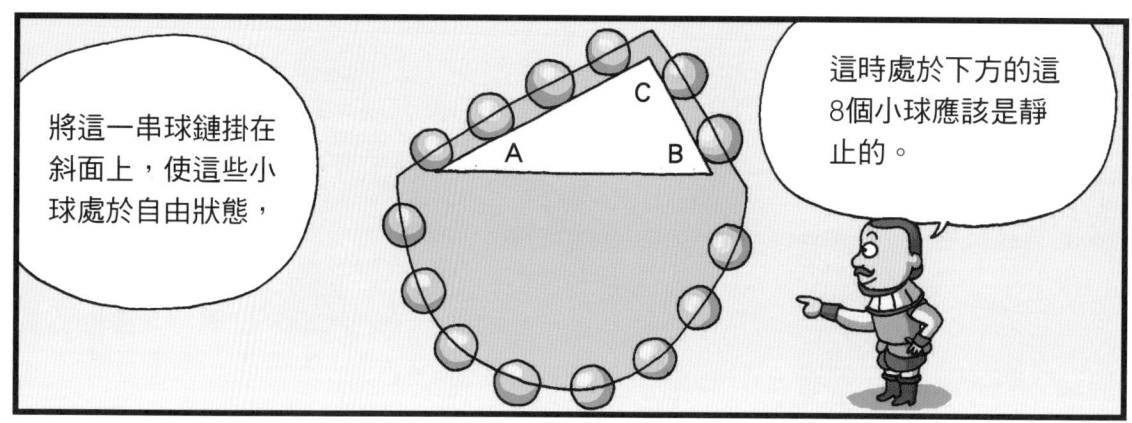

將這一串球鏈掛在斜面上，使這些小球處於自由狀態，

這時處於下方的這8個小球應該是靜止的。

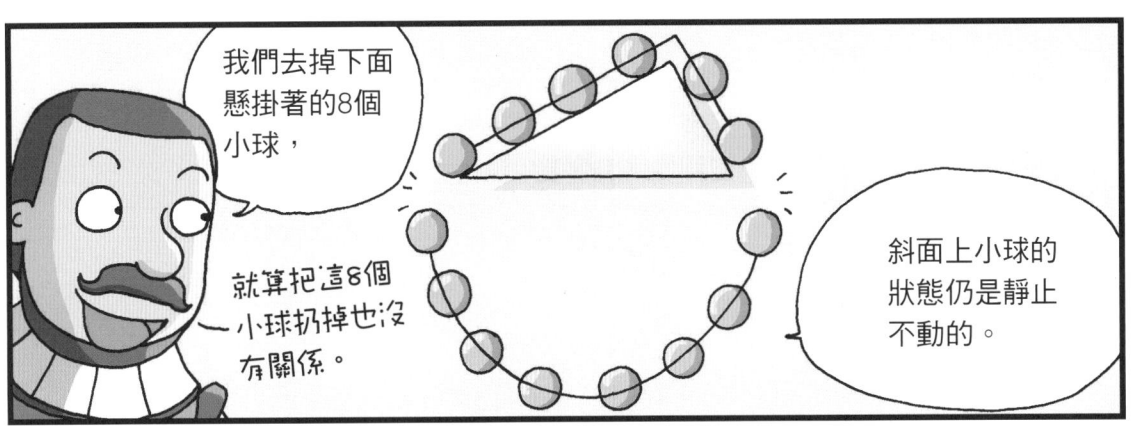

我們去掉下面懸掛著的8個小球，

就算把這8個小球扔掉也沒有關係。

斜面上小球的狀態仍是靜止不動的。

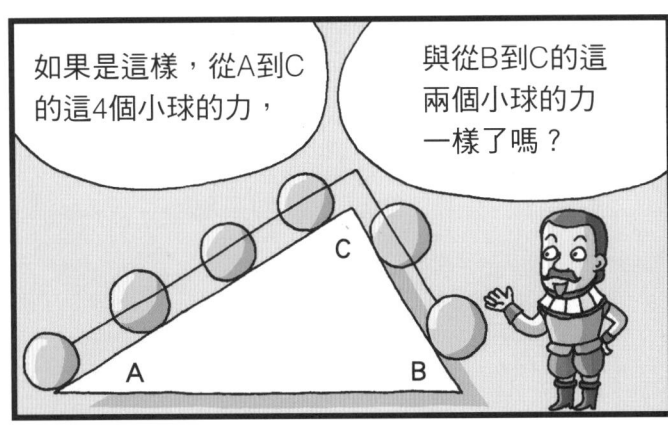

如果是這樣，從A到C的這4個小球的力，

與從B到C的這兩個小球的力一樣了嗎？

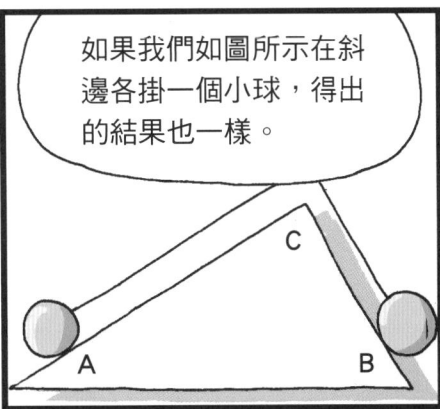

如果我們如圖所示在斜邊各掛一個小球，得出的結果也一樣。

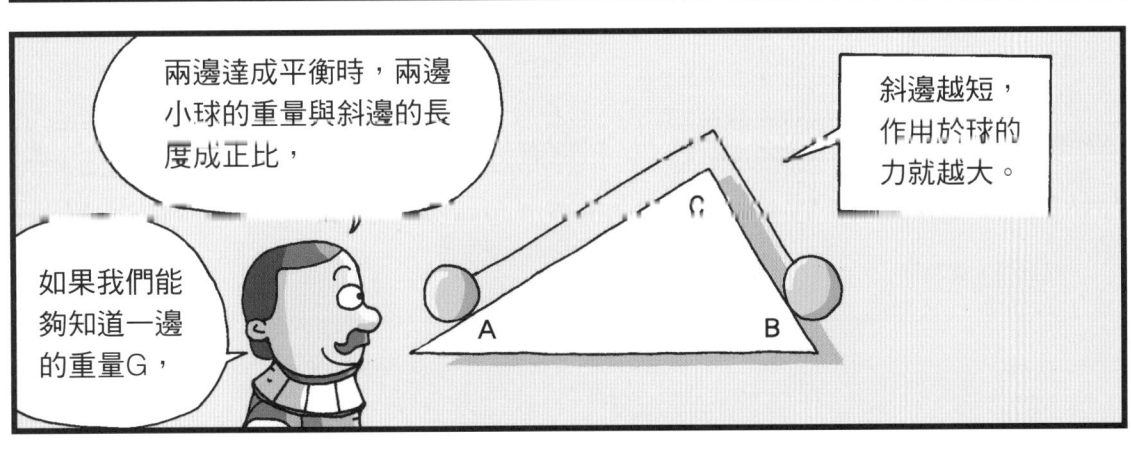

兩邊達成平衡時，兩邊小球的重量與斜邊的長度成正比，

如果我們能夠知道一邊的重量G，

斜邊越短，作用於球的力就越大。

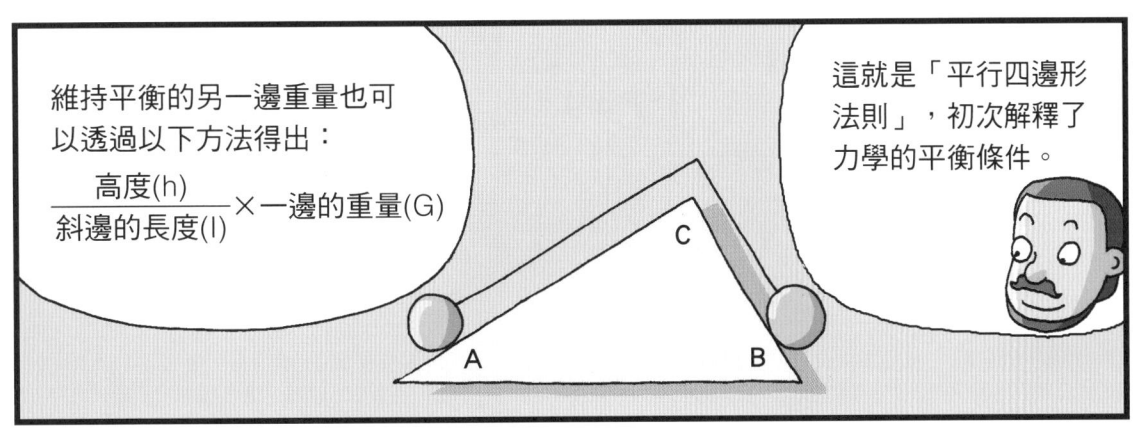

維持平衡的另一邊重量也可以透過以下方法得出：

$$\frac{高度(h)}{斜邊的長度(l)} \times 一邊的重量(G)$$

這就是「平行四邊形法則」，初次解釋了力學的平衡條件。

除此之外，我還著有支持哥白尼學說的天文學書。

啊！還有關於公共政策的書。

讓我來看看……

呵呵呵

哈哈，我還有音樂譜曲方面的著作啊。

哎喲，你倒是什麼都會。

是吧？在荷蘭開始新生活，需要做的事情也很多啦。

好了，我得去工作了。

辛苦啦！

現在該輪到伽利略‧伽利萊登場了。

我出生在義大利佛羅倫斯比薩城的一個平民家庭，

因為我是家族的長子，所以名字和姓氏很接近。

伽利略‧伽利萊
(西元1564～1642)

比薩城是我的故鄉。

這可是我們的習俗。

我對你的期望很大哦！但我不會給你太大的壓力，身為長子，只要成為優秀的醫生就好。

壓力好大啊！

我因此進了著名的比薩大學，成為醫科學生。

我不會放棄夢想的！我可不會為了家族榮譽而放棄自己夢想。

哼！

伽利略說服了他的父親，

好嗎？好嗎？

好嗎？

嗯？嗯？

好吧，隨便你。

跟父親的朋友，也就是當時宮廷的數學家瑪竇·利奇學習數學和其他的科學知識。

伽利略對數學非常感興趣，並出版了論文，

1592年，他成為大學數學講師。

我曾在比薩大學和帕多瓦大學任教。

我的兒子太棒了！我看好你，呵呵。

在大學裡，我負責教授的科目是歐幾里德的幾何學和托勒密的人文學。

嗯

教授怎麼了？

不知道，他偶爾會咳聲嘆氣。

無論怎麼想，我都覺得這些天文學知識不對。

哎呀！這可不是我想教授給學生的知識！

其實我是支持哥白尼的日心說的。

眾所周知，如果要世人接受日心說，必須先解決一個最基本的問題。

不可以，不可以！地球怎麼可能運動呢？我不接受地球會運動這個概念。

天文學方面，我動員大家用望遠鏡進行觀測，但是有些結論質疑了亞里斯多德的理論。

我們先不說天文學，我覺得首先需要改正運動的概念。

有些人無法理解我為什麼要對此進行改動。

我是想把物體的本質和運動完全分開。

喂！你在做什麼？！

運動

本質

運動意味著物體的變化，就像成長和場所的變化。這種變化是根據物體的本質而發生的，那麼去除物體的本質後又會怎樣呢？

樹木透過成長表現了本質。

回歸自然場所的過程，也表現了這個本質。

成長

場所的變化

你因為本質的問題，讓整個學說變得越來越複雜！

運動就是運動！運動和本質有什麼關係！

正在移動或是停止的運動，都與物體的本質毫無關係。因此，物體固有的性質也不會發生改變。

就像是石頭，無論歲月如何變遷，它終究是一塊石頭。

哪來那麼大的魄力？

如果把本質去除，那麼所有的問題就會迎刃而解。

呃……你要開始批判我了嗎？

其中一個問題就是物理的運動是持續進行的。

是嗎？

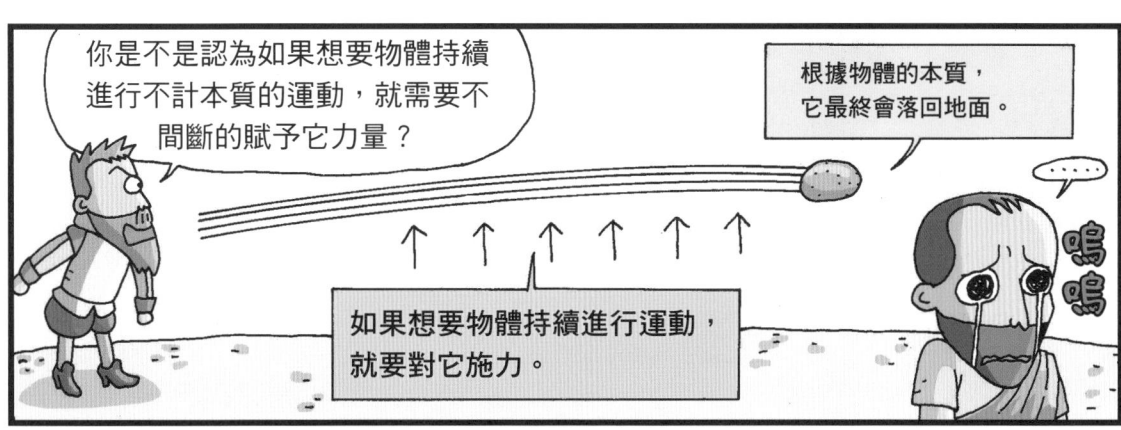

你是不是認為如果想要物體持續進行不計本質的運動，就需要不間斷的賦予它力量？

根據物體的本質，它最終會落回地面。

如果想要物體持續進行運動，就要對它施力。

嗚嗚

127

啊！你承認錯了嗎？回答我？

是的。

如果運動只是一種狀態，與物體的本質沒有關係的話……

靜止狀態

運動狀態

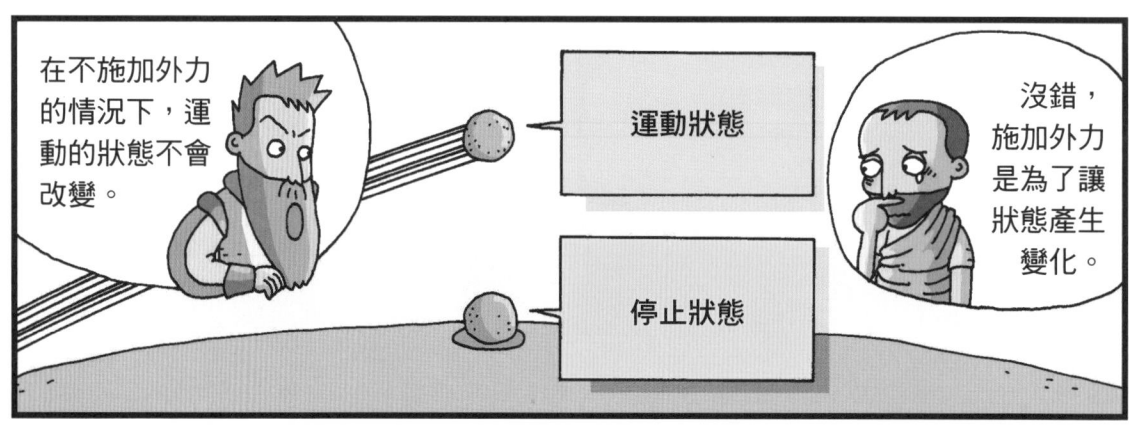

在不施加外力的情況下，運動的狀態不會改變。

運動狀態

停止狀態

沒錯，施加外力是為了讓狀態產生變化。

所以，我得到了結論：不論物體是靜止或是運動，沒有受到其他力量的影響，都有維持原狀態的性質。

我一直是靜止狀態。

我一直處於移動狀態。

為什麼呢？因為我在運動！

我把這個性質命名為「慣性」，之後我還整理了第一運動定律★。

牛頓

伽利略並沒有使用「慣性」這個詞。

★關於第一運動定律，請參考第五冊。

譬如有一艘船在平靜的海面上,以一定的速度行駛,

假定在這艘船上放一顆圓球,

船的運動與球的運動在本質上應該是不一樣的。

圓球在剛開始時,雖然參與了船的運動,但是船的運動難道有影響圓球的運動嗎?

如果把圓球拋向空中,

拋向空中的圓球是依靠直接作用於圓球的力在運動。

圓球的運動與船的運動無關,難道圓球不會落回原位嗎?

同樣道理,我們在地球上拋出去的圓球與地球的運動也毫無關係。

圓球只是落回原來的位置而已。

那些認為如果地球會動，被拋起的圓球會落向西方的人是錯的！

我輕鬆打敗了那些貶低哥白尼日心說的人。

如果事物的本質與運動分離，又會變成什麼樣呢？

那就是一個物體可以同時參與兩種以上的運動。

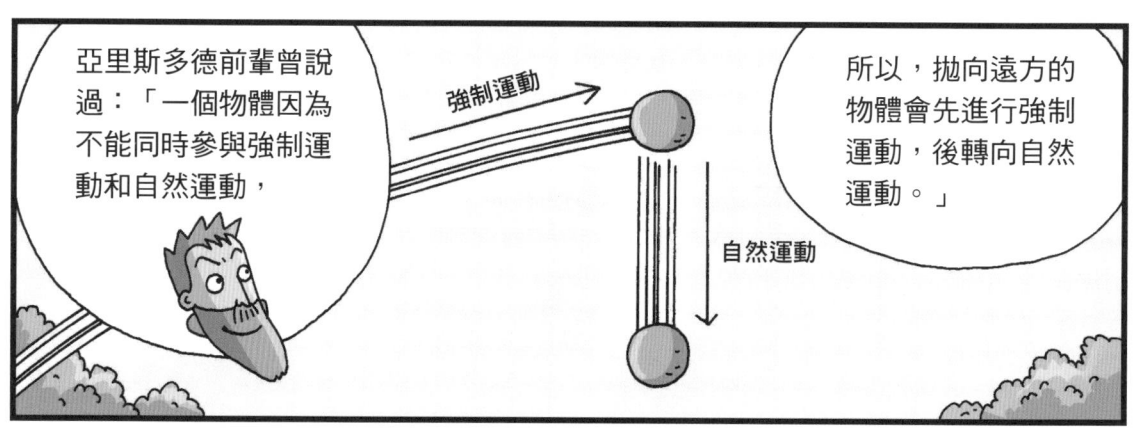

亞里斯多德前輩曾說過：「一個物體因為不能同時參與強制運動和自然運動，

強制運動

自然運動

所以，拋向遠方的物體會先進行強制運動，後轉向自然運動。」

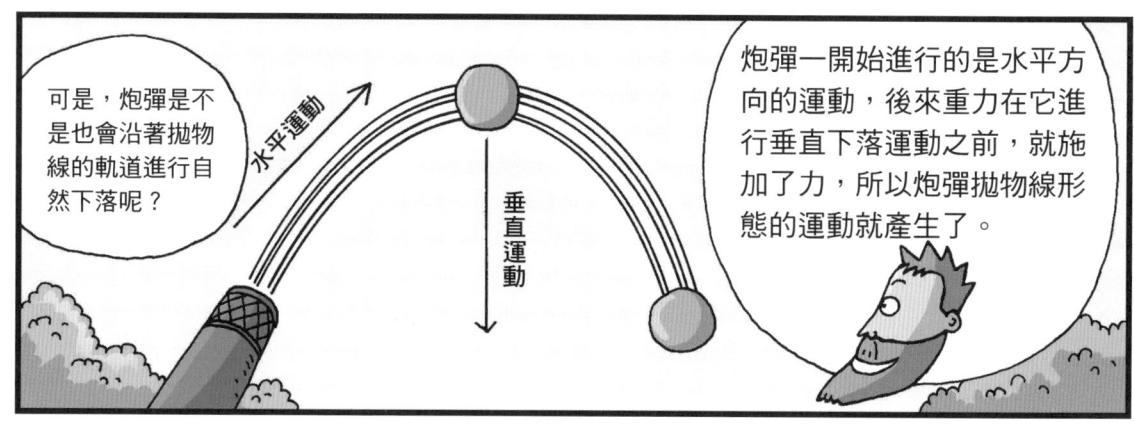

可是，炮彈是不是也會沿著拋物線的軌道進行自然下落呢？

水平運動

垂直運動

炮彈一開始進行的是水平方向的運動，後來重力在它進行垂直下落運動之前，就施加了力，所以炮彈拋物線形態的運動就產生了。

類似的例子還有從桌子滾落下來的圓球，它也是滾著滾著便按照拋物線的方向下落。

雖然這個圓球在水平方向按照相同時間和相同距離進行直線運動，

但如果受到重力影響，移動的距離相當於移動時間的平方。

這與炮彈按照拋物線軌道運動不同。

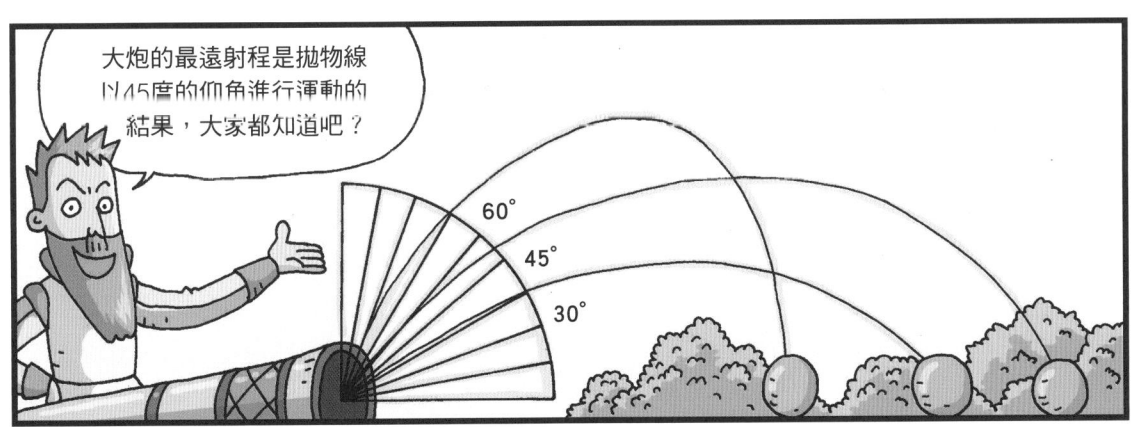

大炮的最遠射程是拋物線以45度的仰角進行運動的結果，大家都知道吧？

60°
45°
30°

塔爾塔利亞★已經發表過了，

但是塔爾塔利亞發表的只是他的經驗，

而伽利略發表的是經過兩種運動得到的理論，還是不一樣的。

★關於塔爾塔利亞的故事，請參考第三冊第146頁。

這樣的推論來自於伽利略的自然觀。

雖然我支持哥白尼的學說，但我不是無神論者，

我所崇拜的神是一位對於廣闊宇宙擁有卓越技術的人物。

用數學方法來研究自然是不是更好呢？

我就是用數學的方法來研究自然的。然而我所認為的數學證明方式，在現實中卻難以實現。

從我所做的想像實驗就可以知道，在一個沒有摩擦力的平面上，球會按照「慣性的法則」運動。

但在現實中，卻沒有這樣的場所。

所以從經驗的角度，是無法完全掌握理想性自然的。

理想性自然

但我認為，在某種程度上仍然可以用數學來解開大自然的奧祕。

數學就是開啟祕密之門的鑰匙。

這樣的方式最終被牛頓認定為是有價值的，現代物理學也確立了它的地位。

我把數學中幾何學的長度、面積、體積等知識，

運用到計算時間、運動、物體質量等研究中。

時間
運動
物體質量

長度 面積 體積

證明那些透過想像實驗得出的理論，

更發現其中的相互關係。

研究的領域縮小到可以測定的領域。

比如說，測定不同重量物體同時落下的實驗。

這不是我之前做過的實驗嗎？

西蒙‧斯蒂文★

★關於西蒙‧斯蒂文的故事，請參考本書第116頁。

是的，就是它。這個實驗我也做過，在這裡必須要說一說。

為什麼？

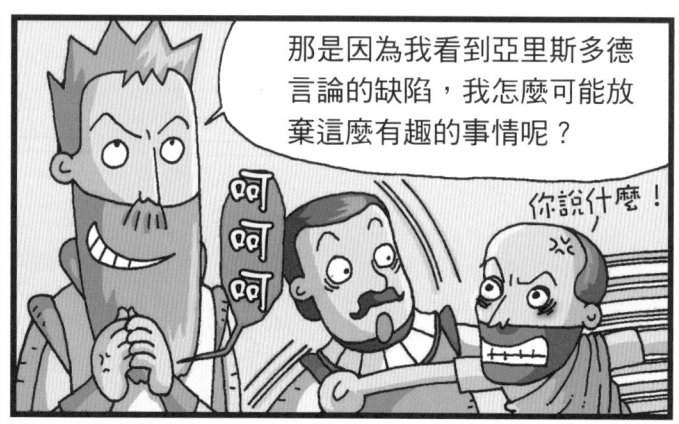

那是因為我看到亞里斯多德言論的缺陷，我怎麼可能放棄這麼有趣的事情呢？

你說什麼！

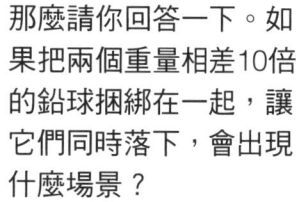

那麼請你回答一下。如果把兩個重量相差10倍的鉛球捆綁在一起，讓它們同時落下，會出現什麼場景？

根據您的理論，重的會先落下；兩球綁在一起時，下降速度會被較輕的球拖慢而小於10。

呃一

但是，綁在一起的圓球重量為11，下落速度也應該等於11。

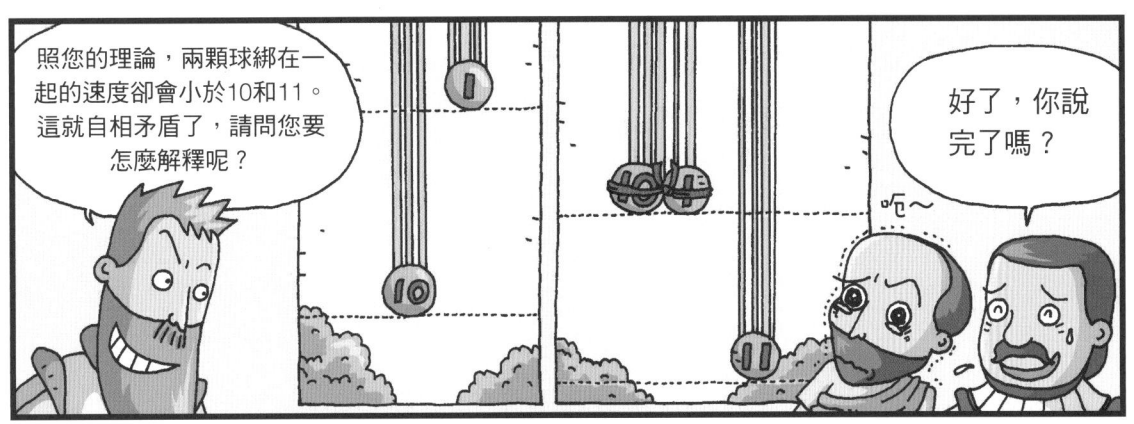

照您的理論，兩顆球綁在一起的速度卻會小於10和11。這就自相矛盾了，請問您要怎麼解釋呢？

呃～

好了，你說完了嗎？

所以，我也做了自由落體實驗。但是落下的速度太快，不太好觀測。

對啊，鉛球很重的。

為了觀測，我改變了鉛球的落下方式。

怎麼改變？

首先要準備一個有刻度的傾斜面　這個傾斜面必須光滑、便於圓球移動。

咕嚕咕嚕

使用這樣的傾斜面更易於觀測。

135

測定出的結果為：下降的速度與重量無關，不同重量的物體所花的時間和距離是一樣的。

下降的時間越長，速度就越快。

等等！這個實驗有問題。

雖然不容易測定，但你好像忽視了那些可以測定的數據。

啊！你說的是空氣阻力吧？

原來你知道啊！物體下落時受空氣阻力的影響，這部分是可以測定的。

雖說是這樣，

但是空氣阻力影響並不大，可以忽略吧。

這樣便於計算啊。

別閒聊了，趕快把這些球磨得更光滑一點。

這樣可以減少摩擦，讓實驗更加完善。

哼～別說那些沒用的了……

……

除此之外，伽利略的實驗還擴及其他領域。

用鋼鐵、樹木之類的材料製作的稜柱或圓柱體，

垂直支撐的力特別大。

但奇怪的是，橫過來卻很容易折斷。

咔嚓

我做了關於支撐力強弱的實驗。

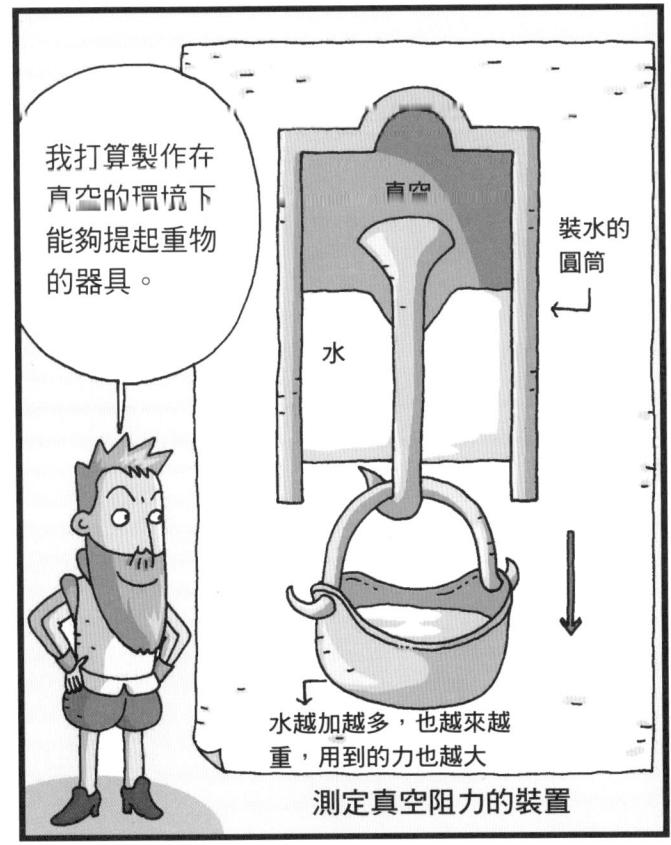

我打算製作在真空的環境下能夠提起重物的器具。

真空

裝水的圓筒

水

水越加越多，也越來越重，用到的力也越大

測定真空阻力的裝置

對了！為了發展數學實驗方法，要一起開發測量的工具。

這樣才能確保測量的正確性。

雖然有尺、秤、水漏這些測量工具，但我還是決定製作新的工具。

首先我製作了溫度計。

有一天，我看到了教會天花板上的吊燈在搖晃。

看看那個！

不論是大的晃動，

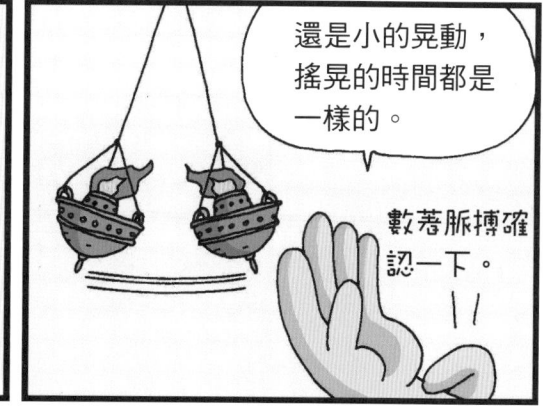

還是小的晃動，搖晃的時間都是一樣的。

數著脈搏確認一下。

嗯，原來如此。可以運用的地方有很多。

搖擺運動與搖擺的幅度無關，從中我發現了「等時性」這個概念。

138

利用這個原理，我發明了能夠正確測量時間的手動式鐘擺裝置。

鐘擺每擺動一次，齒輪就會轉動一格，並帶動其他裝置。

但是如果想測量較短的時間，還是只能用小的水漏儀或是用數脈搏的方式測量。

伽利略在晚年收了兩位學生。

我晚年的時候雙眼失明，受到了學生許多幫助。

托里切利
(西元1608～1647)

維維亞尼
(西元1622～1703)

維維亞尼精通物理和數學。

我已經看不到了，你幫我把原稿整理成冊吧。

維維亞尼，累不累？

老師，不累的。

我死後,教會試圖查禁我的著作。

維維亞尼組織許多科學實驗活動。

維維亞尼還為我寫傳記,讓我聲名大噪。

這都是托學生的福啊!

您說得我都不好意思了。

我的另一位學生托里切利擅長數學和哲學。

他曾在我和我學生卡斯泰利★身邊學習。

★卡斯泰利:義大利數學家。

托里切利研究了我的《兩門新科學的對話》這本書,並從書中得到力學原理方面的啟發。

我與托里切利興趣相投,還一起做了自由落體實驗和地球旋轉等研究。

雖然因我的去世而提前結束這些研究，

但我的學生並沒有放棄，並在力學的研究上獲得了許多成果。

他製作了新式望遠鏡和早期的顯微鏡。

我的這兩位學生一起做了許多有名的實驗。

最有名的就是「托里切利真空實驗」。

還記得嗎？亞里斯多德前輩曾經說過：「世界上沒有真空。」

其實我也不太確定世界上有沒有真空。

但我的學生就是這麼與眾不同。他們的思想已經超越我了。

他們改良了我的實驗，並製作出了真空。

我做的實驗是用幫浦把水抽出來，

但即使有超強力的幫浦，

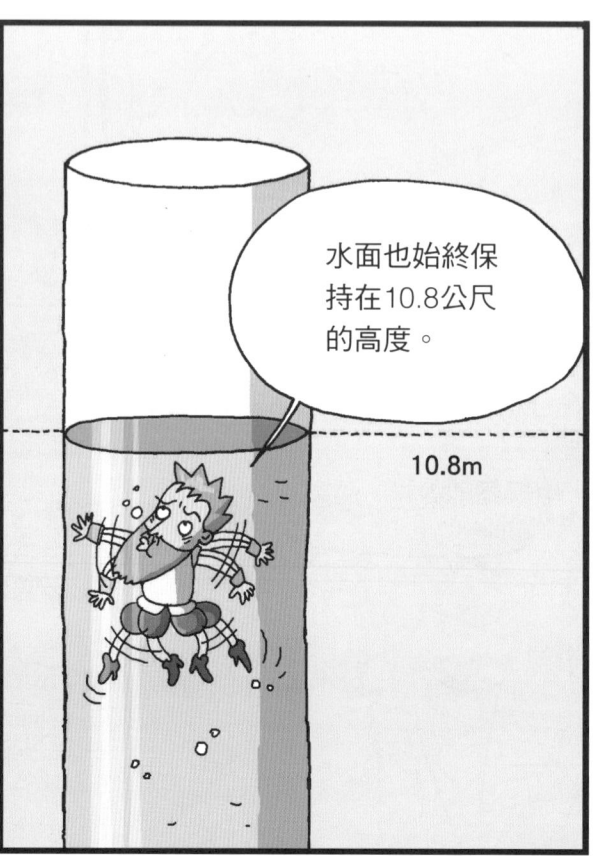

水面也始終保持在10.8公尺的高度。

10.8m

其實，水柱內的水面高度會保持在10.8公尺的情況，礦場的挖井工人早就知道了。

我們在抽水的時候遇到了阻礙，這到底是怎麼回事呢？

這問題沒有得到任何學者的注意。

也沒有人知道原因。

知道了！讓我來研究一下！

水柱好像不能承擔自身的重量。話雖如此，但沒有任何證據啊。

怎麼辦呢？是不是有限的真空狀態呢？

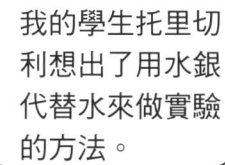

我的學生托里切利想出了用水銀代替水來做實驗的方法。

水銀比水重14倍，可以在小的實驗器具中進行實驗。

你要是早點想出這個方法，我們就可以一起做實驗了，唉，可惜～

直到我去世，這問題都沒有解決。

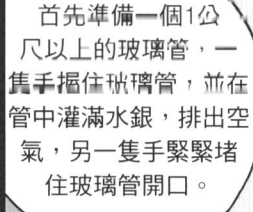

他重新做了實驗。

首先準備一個1公尺以上的玻璃管，一隻手握住玻璃管，並在管中灌滿水銀，排出空氣，另一隻手緊緊堵住玻璃管開口。

把玻璃管小心的倒插在盛有水銀的槽裡，待開口端全部浸入槽內時將手放開。

你看到玻璃管內的水銀發生什麼變化嗎？

將管子垂直固定，當水銀停止下降時，測得管內水銀的高度約為78公分。

托里切利真空

78cm

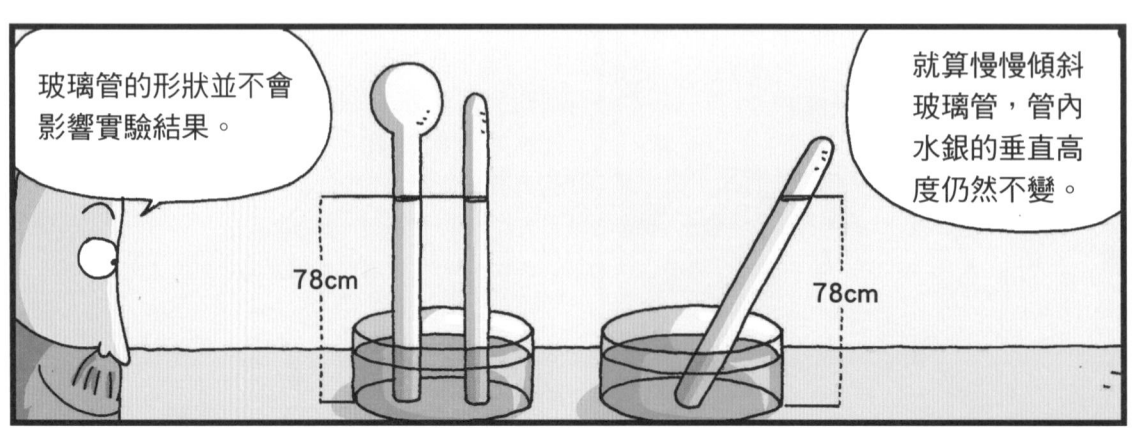

玻璃管的形狀並不會影響實驗結果。

就算慢慢傾斜玻璃管，管內水銀的垂直高度仍然不變。

78cm

78cm

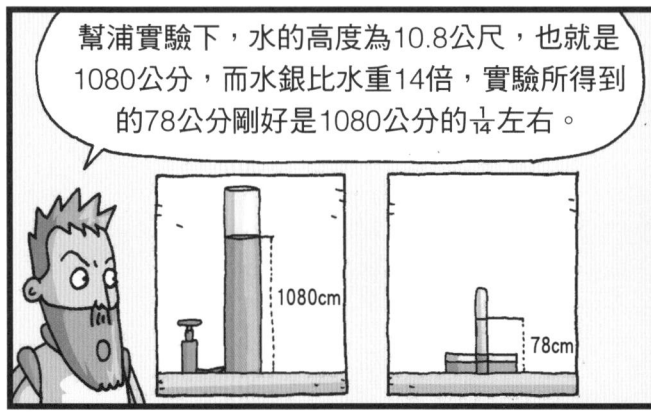

幫浦實驗下，水的高度為10.8公尺，也就是1080公分，而水銀比水重14倍，實驗所得到的78公分剛好是1080公分的 $\frac{1}{14}$ 左右。

1080cm

78cm

原因是什麼呢？

嗯～ 嗯～

好像是因為「重量」。水的重量比水銀輕14倍，但在玻璃管中的高度卻比水銀高14倍……

看起來什麼都沒有吧？但這裡確實存在著某種物質。

到底是什麼呢？

……

我們可以推斷出水、水銀呈現了某種物質的重量均衡。

是什麼物質呢？裡面什麼都沒有啊！

有人注意到托里切利的實驗裝置能夠測量空氣壓力。

喂,請你過來一下。

呼啦!

我嗎,為什麼?

巴斯卡
(西元1623～1662)

巴斯卡是著名的哲學家、數學家。

這句話是你說的嗎?

他的名言是:「人是為了思考才被創造出來的。」

是的……

你的家鄉在哪裡?

法國的克萊蒙費朗。

在哪裡讀書?

我沒有上過正規的大學,一直是父親教我的。

但是這份資料說你在12歲的時候,已經精通歐幾里德的幾何學了。

呵呵,是的。

怎麼可能呢?難道你是天才?

這……這個嘛。

嚇!

對不起，我的學生喜歡開玩笑。

他好兇～

老師，我可沒有開玩笑啊！

除此之外，巴斯卡還研究過古代阿波羅尼斯★的圓錐曲線。

★關於阿波羅尼斯的故事，請參考第二冊第25頁。

16歲就寫出了《圓錐曲線論》一書，受到當時許多數學家的關注。

圓錐曲線論

真的是天才啊！

巴斯卡19歲的時候，為了減輕稅收官父親的工作量，

製造出世界上第一台計算機。他是不是很孝順呢？

巴斯卡運用補數★的原理製造出可以進行加減運算的計算機。

呵呵

★補數：如果兩個數的和正好可以湊成整十、整百、整千，就可以說這兩個數互為補數。比如10減7，補數就是3。

老師，我們是不是應該說說真空和氣壓計。

好吧。

數學的問題還是在數學領域的內容中說吧……

我總覺得您在偏袒誰？

有嗎？

因為巴斯卡是天才，介紹他時就不能像介紹別人一樣嘛。

什麼？

好了，好了，你冷靜一些。

對呀，讓我們來講一下巴斯卡的實驗。

說說你是怎樣做實驗的？

好啊！

我只是證明了托里切利的真空實驗而已。

瞄

氣呼呼

我把水銀和水灌入長度、形狀不同的玻璃管中，

和在高處時的高度不一樣。

69.6cm

多姆山海拔975m

我發現在平地時，水銀在玻璃管中的高度，

78cm

但是在中間點測量時，水銀在玻璃管中的高度是之前兩個地點高度的平均值。

平地

中間

高處

然後呢？能不能只說結論，過程說快一點？

嚇我一跳，幹麼那麼激動？

其實，也沒有什麼結論。

我的結論就是托里切利是正確的。

哎喲，這部分你可不能說得那麼籠統。來，請坐。

可以慢慢講，不用考慮時間，仔細說哦。

這……這樣可以嗎？

哎喲，你真是善變啊。

那我來說一下在高處和平地上，水銀在玻璃管內的高度為什麼會不一樣吧。

我們在高處經常會感到呼吸困難，因為高度越高，空氣就越稀薄。

空氣稀薄是因為大氣壓力變小，

因此水銀在玻璃管中的高度也會降低。

低處　　　高處

所以空氣的壓力就是影響水銀在玻璃管內高度的原因。

發亮

閃閃

我透過實驗證明托里切利的學說是正確的。

哈哈

你真是位天才啊！

兩人的關係好多了。

……

你真是太可愛了！

巴斯卡，你還發現了什麼原理？

啊……

得救了！

如果我們對密封容器裡的部分液體施加壓力，那麼容器中其他部分的液體壓力也會受影響。

例如，在一個裝滿水的皮球上扎三、四個洞，按壓沒有扎洞的地方，水會從洞中噴射出來。

這也被稱為「巴斯卡原理」。

對部分液體施加壓力

其他液體也會受到壓力影響

150

老……老師，你有沒有忘記什麼事啊？

什麼？什麼事情？

我也有「托里切利定律」。

快點說吧，不然他要生氣啦。

我可沒教他這樣……

是啊，這可是托里切利的定理啊。

嘿嘿，真不好意思。

好了，那你自己說明一下吧。

老師！

為了慶祝我們的相識，去喝一杯吧。

「托里切利定律」就是在只有單一出水孔的容器中放入液體，

你說快點，我們先去……

一起去就結束了。

嚇你啦！

計算液體流出的速度而已。

別丟下我啊！

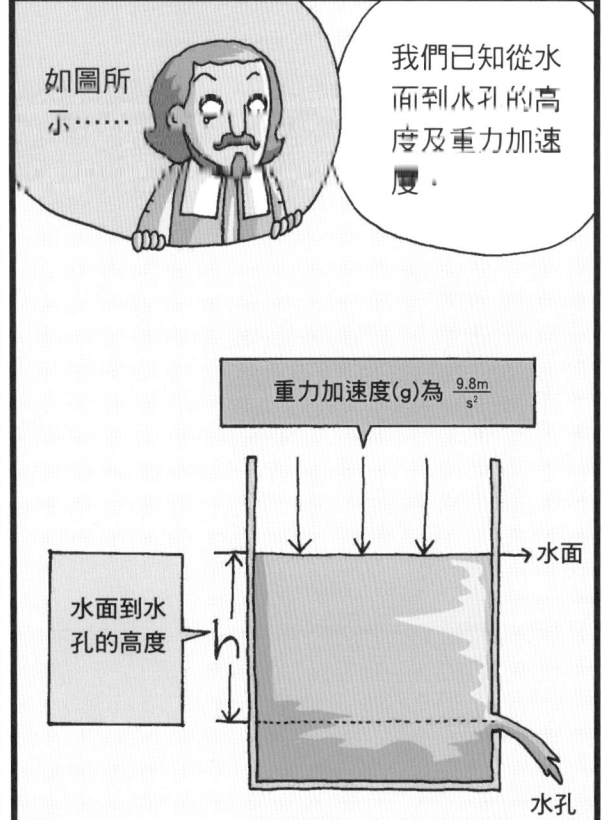

如圖所示……

我們已知從水面到水孔的高度及重力加速度。

重力加速度(g)為 $\frac{9.8m}{s^2}$

水面

水面到水孔的高度 h

水孔

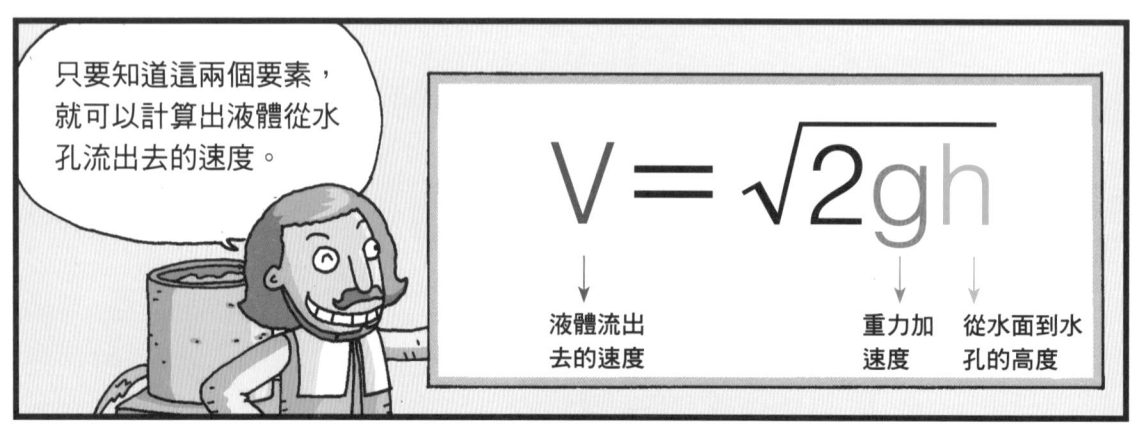

只要知道這兩個要素，就可以計算出液體從水孔流出去的速度。

$$V = \sqrt{2gh}$$

↓ 液體流出去的速度
↓ 重力加速度
↓ 從水面到水孔的高度

大家都知道了吧？那我要走了。再見。

慢點，跑這麼快會摔倒的。

做事情可不能這樣匆匆忙忙的。

幹麼這麼著急……

本想請你向大家介紹我呢，結果你跑這麼快。唉，看來只有心思縝密才不會失誤啊！

人總要……

你到底是誰呀？

我等一下就會自我介紹了。人們真是一刻也不願等啊。

是你廢話太多了……

知道了，知道了。我的名字叫作奧托‧馮‧格里克。

奧托‧馮‧格里克
(西元1602～1686)

153

我想只要去除空氣，就可以製造出真空。

這有什麼難的。

先準備一個葡萄酒桶，然後把桶子的裂縫塞住，不讓空氣進入裡面。

把酒桶灌滿水之後，

再用黃銅製作的幫浦把桶內的水抽出來。這樣桶內就形成真空。

但是在抽水的過程中，酒桶就爆裂開來，碎片滿天飛，更別說製造真空了。

可能是因為酒桶不夠結實。

我先修理一下排氣幫浦。

叮叮噹噹

我改用厚金屬製作兩個半球，用來製造真空。

空心的兩個金屬半球

抽出空氣

真空最神奇的一點是不能傳播聲音。

而且將燃燒中的蠟燭放到裡面就立刻熄滅了。

如果想把處於真空狀態的兩個金屬半球分開，需要非常大的力量。

為了向國王解釋真空，我上演了一場「真空秀」。

這是非常有名的實驗，稱為「馬德堡半球實驗」。

你到底要給我看什麼？

陛下，你認為需要多少匹馬的力量才能把這兩個金屬半球分開？

開玩笑？這麼小的球，用1、2匹馬就可以了。

那麼，我們就來試試看。你可不要吃驚啊。

嘿嘿

砰！

嚇一跳！

終於分開了！

結果用了4匹馬才勉強分開直徑33.6公分的金屬半球。

啊！太神奇了。

如果換成直徑49公分的金屬半球，則用了16匹馬，兩邊各8匹才勉強將它們分開。

令人吃驚的不止這些！

大氣的壓力如此強大，如果不加以運用，不是太可惜了？

我們不能把它當成一種動力嗎？

這種力之後被用在鐵路真空煞車上。

嗚

除此之外，我還利用摩擦知識，製造出可以產生電的裝置。

這個裝置開啟了用電時代的新篇章。

摩擦生電機

怎麼樣？稍等一下總會獲得更多的好消息吧？妳可要好好聽啊。

哎呀，原來你在這裡啊！我找了你好久。

你怎麼又回來了？

老師要你快點過去。

呵呵，伽利略老師可是認識很多名人的。

好的，我這就去。是去討論問題還是唱歌？

隨便你。

謝謝，再見。

啊，差點又忘了介紹一個人。

讓您久等了，這邊請。

這時代湧現出了不少科學家。

即將登場的人物是……

157

這位科學家把伽利略老師發現的「擺動等時性」運用到鐘錶當中，

他發明了擺鍾。

惠更斯
(西元1629～1695)

……

惠更斯出生於荷蘭，是天文學家和物理學家。

人們稱他為「天才惠更斯」，可見他的實力非同凡響。

你，過來！

你好像很了解我，你是怎麼知道的？

啊？

最近總有人在我周圍閒晃。

不是的，這都是誤會，我是聽其他人說的……

好了，介紹完了，可以走了嗎？等得不耐煩了吧？

嗯？沒關係，我正在練習唱歌呢……

看到你們這樣，讓我覺得更可疑。

妳又是誰？是剛才那個人的僕人嗎？

158

僕人？不要亂說！我只是來幫忙讓事情進行得更順利。

幹麼這麼兇，生氣了？

我沒有生氣，只是……

說話含糊不清，真令人起疑。

那你就不要在意我了。

這種態度更讓人懷疑。

把我當成透明人吧。

你還是繼續說擺鐘的事情吧。

擺鐘？不曉得可不可以隨便告訴別人。保密是研究的根本啊！

保密？就是不願意說嘛。不說拉倒。

哼！

氣憤～

既然提了，我還是給妳看一看吧。

唉，太累了……

這就是我畫的擺鐘圖紙，妳一定要保密啊！

嘟嘟囔囔

我知道了。

159

機械鐘錶的時間間隔是固定的，因為裡面安裝了調節速度的調速器★。

嘀嘀嚷嚷

★調速器：原動機中根據重量的增減調整旋轉速度的機械。

還有擒縱器★，可以把間隔的時間分為時、分、秒等。

嘀嘀嚷嚷

利用齒輪來調節速度。

★擒縱器：用鐘擺來調節速度，用一定的時間間隔使齒輪轉動的裝置。

調速器決定鐘錶的精密度，是最不容易製作的部分。

研究出這個裝置可不簡單。

嘀嘀嚷嚷

啊哈！原來是因為擺動等時性理論出現後，才使機械鐘錶進入實用階段啊。

妳別那麼大聲好不好。

噓～

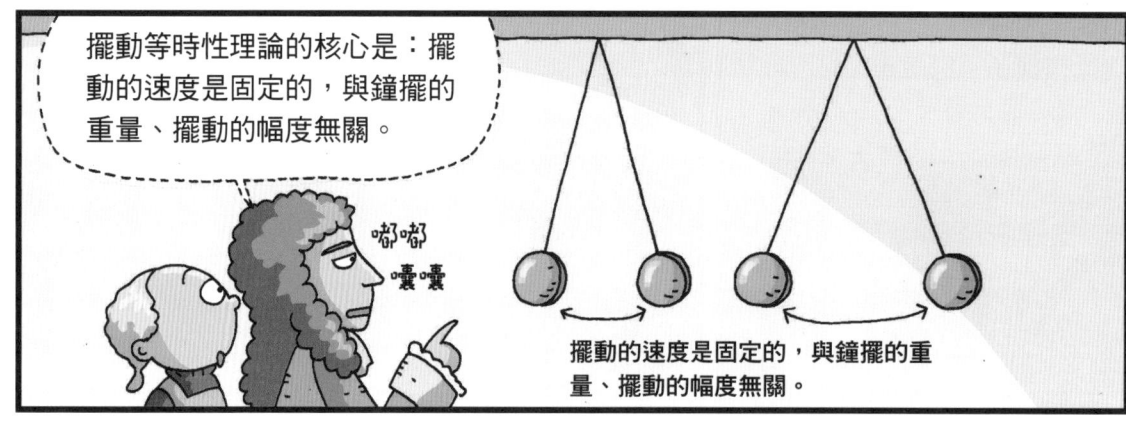

擺動等時性理論的核心是：擺動的速度是固定的，與鐘擺的重量、擺動的幅度無關。

嘀嘀嚷嚷

擺動的速度是固定的，與鐘擺的重量、擺動的幅度無關。

160

需要注意的是擺動的長度並不是連接線的長度，

嘟嘟囔囔

長度

那是什麼的長度呢？應該是到物體重心的長度。

嘟嘟囔囔

長度

重心

我們在盪秋千時，即使連接線的長度一樣，秋千擺動的速度也會因為雙腿晃動的幅度不同而不一樣。

而雙腿晃動的幅度增大，擺動的速度會加快。

嘟嘟囔囔

嘟嘟囔囔

為了製作出精確的擺鐘，我還研究了擺動時間和擺動之間的關係。

嘟嘟囔囔

嘟嘟囔囔

我發現伽利略老師的擺動等時性理論不完全正確！

有不正確的地方嗎？

擺動等時性雖然在擺動幅度小的時候與圓運動一致，

但如果擺動幅度變大的話，卻不一定與圓運動一致。

嘟嘟囔囔

啊，原來是這樣。

所以，為了改善擺鐘的等時性，

不能說大聲一點嗎？

我決定研究「擺線曲線」的晃動軸。

嘟嘟囔囔

我們能不能去寬敞一點的地方聊？

呵呵，這種事情可不能大聲說。

啊……

妳聽不清楚就離開吧。

不，不用。擺線曲線是什麼？

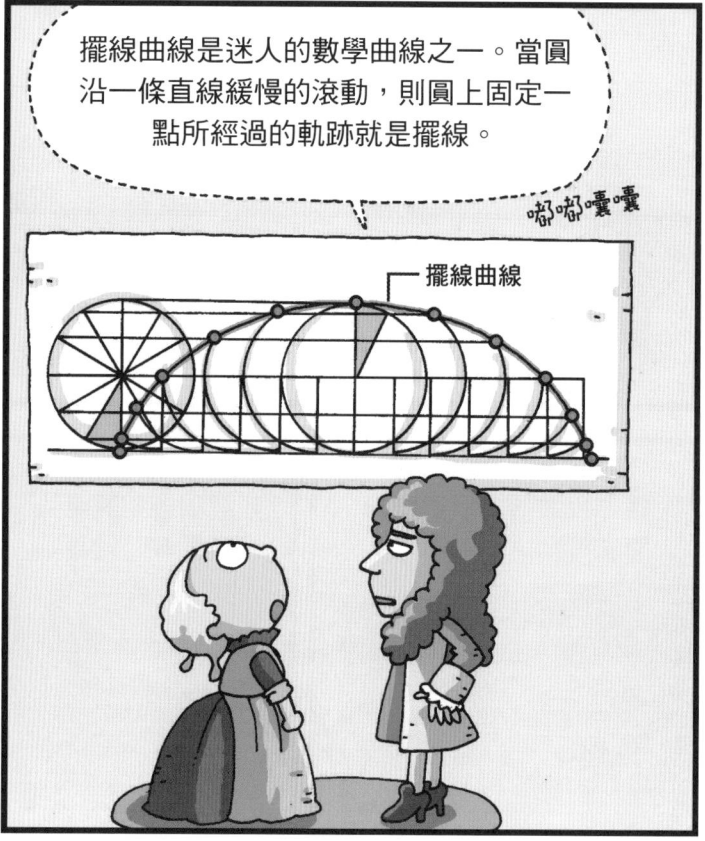

擺線曲線是迷人的數學曲線之一。當圓沿一條直線緩慢的滾動，則圓上固定一點所經過的軌跡就是擺線。

嘟嘟囔囔

擺線曲線

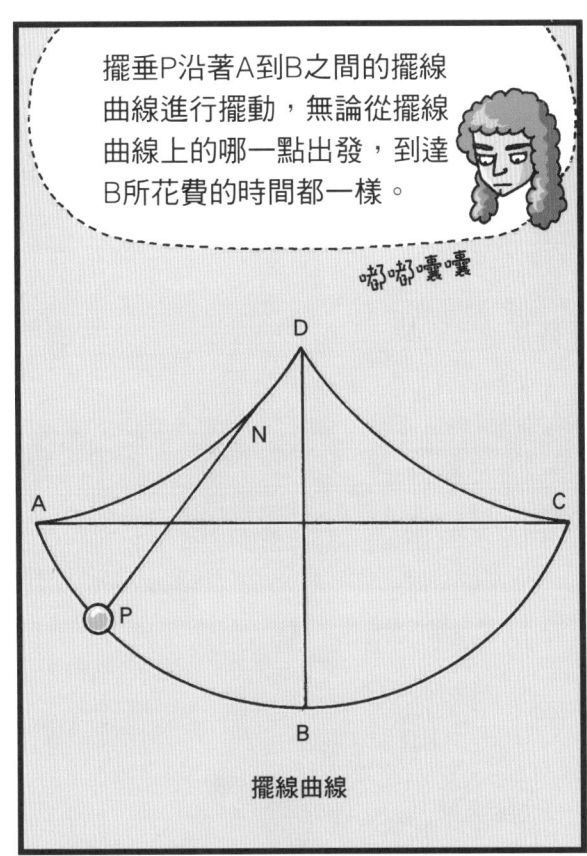

擺垂P沿著A到B之間的擺線曲線進行擺動，無論從擺線曲線上的哪一點出發，到達B所花費的時間都一樣。

嘟嘟囔囔

擺線曲線

就是說，即使擺軸長度相同，也不是按照相同的速度進行擺動。

嘟嘟囔囔

根據正確的擺線曲線原理可以成功製造出精確的擺鐘。

嘟嘟囔囔

但是，如果擺是按照擺線曲線的軌道進行擺動的話……

難道不需要什麼裝備嗎？

當然需要！這可是核心啊，沒想到妳問問題還挺犀利嘛。

嘟嘟囔囔

妳是不是知道什麼機密！

你老是這樣，我可要生氣了。

妳是不是間諜？

大家聽好了，擺鐘是按照擺線曲線……

喂喂！等等！幹麼這麼激動啊。

那你說說那個裝置是什麼？

是一個叫作「游絲」的螺旋形小零件。

根據彈力原理，在擺的中心軸上安裝游絲，擺就會沿著擺線曲線擺動。

是這樣啊。

除此之外，為了盡可能讓鐘錶做出規律性的振動，我使用了重一點的擺，

安裝上發條，就發明了調節懷錶的裝置。

嗯，太偉大了。

所以您才會這麼有名啊。

是啊，呵呵。不是我自誇，我可不是虎頭蛇尾的人。

我還改良望遠鏡及研究出打磨鏡片的新方法。

您在找什麼呢？

找到啦！這就是鏡片打磨器。

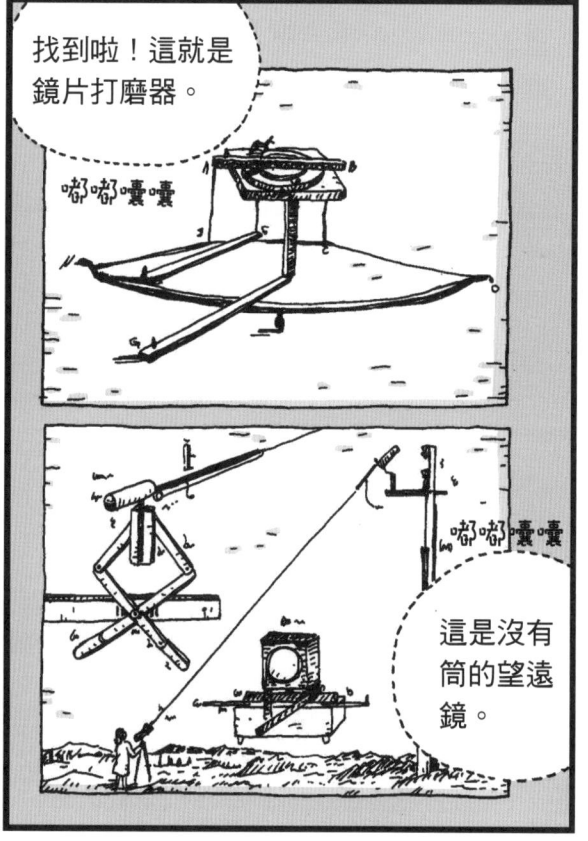

我正在找我製造的打磨鏡片儀器。

這個就不要藏了啦！

這是沒有筒的望遠鏡。

我用改良的望遠鏡發現了土星環和土星的衛星「泰坦」(土衛六)。

伽利略老師發現的土星黑斑，我認為是土星的光環。

惠更斯繪製的土星變化圖

為了確保發現的優先權，我還寫了一個謎語。畢竟假如有人偷看了我的研究，比我先發表不就糟了嗎？

原文：它有一個薄而平的光環，每天都被這個傾斜的光環環繞著，與土星有關。這段內容是什麼意思呢？
解答：我發現了土星的光環。

真是服了你。

除此之外，我還比較了恆星的距離，發現了火星表面V字形的水塘，

但是您對火星上的水塘不太了解吧？

噓！這可是最高機密。

噓～

聽說這個時期隨著望遠鏡、顯微鏡的發展，光學也逐漸發展起來了，對嗎？

是的。照這樣發展下去，光學就會開始發展。

我們必須知道光學的原理。

妳知道光學是研究光的一門學問，對嗎？

光能夠讓我們看到世間萬物，

植物必須有光才能夠生長。它就像空氣一樣，是我們賴以生存的重要存在。

自古以來，人們就對光展開過多方面的研究。

光是晃動在眼球周圍的光體。

不是的，光是有顏色的微粒子。

光是一種速度非常快的波動。

那麼，我們需要先研究一下眼球的解剖學嗎？

什麼意思？

當時，連哲學家和神學家也發表了各自對光的見解。

連神學家都有？

怎麼？不可以嗎？我認為是上帝創造了光。

所以，我們神學家當然有資格研究光了。

讓我們來整理一下這個時代對於光的一些研究。

光源★所發出的光，根據傳播方式不同，可以分為「粒子說」和「波動說」。

光 要丟了喔

光是怎麼傳播的？

★光源：自身能夠發光的物體，例如，太陽、星星等。

粒子說又稱光的微粒說，這項理論認為光與其他可見的實體物質一樣，是一種粒子。

這是畢達哥拉斯學派★支持的學說。

★關於畢達哥拉斯學派，請參考第一冊第147頁。

波動說是指光像水紋一樣，受壓力影響以波動形態傳播的學說。

這是亞里斯多德和恩培多克勒★支持的學說。

★關於亞里斯多德與恩培多克勒的故事，請參考第一冊第174頁及第164頁。

關於光學的爭論一直持續到17世紀。像牛頓★支持的是粒子說。

是嗎？你有什麼證據支持粒子說？

妳連這個都不知道嗎？

切！

牛頓

想一想吧，如果光是波動的話，那麼物體的影子應該是什麼樣的呢？

★關於牛頓的故事，請參考第五冊。

影子當然會像水紋的樣子了。但是妳看看，影子輪廓分明，根本不像水紋。

我們來看看玻璃窗，我們可以透過窗戶看到窗外的風景，

但我們同時還可以在窗戶上看到自己。這是為什麼呢？

是因為光的粒子進入水或玻璃之類的介質中時，一部分粒子又再次發生了反射現象，

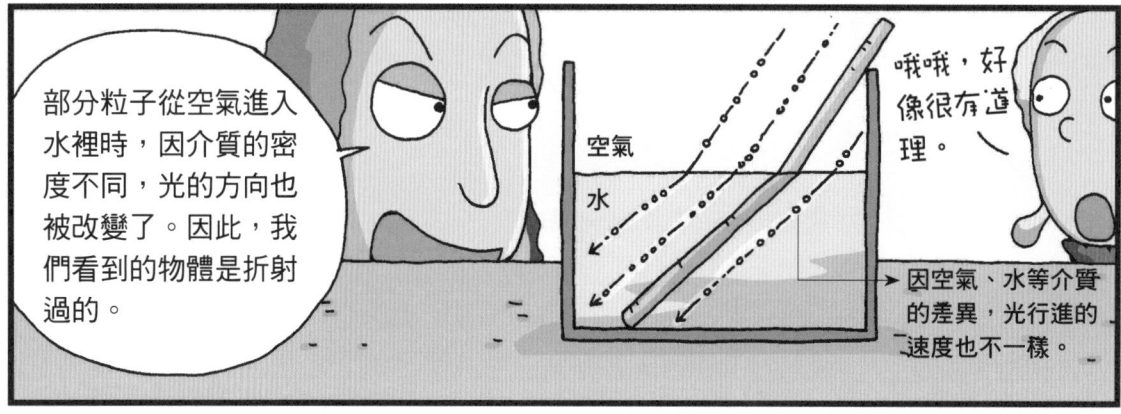

部分粒子從空氣進入水裡時，因介質的密度不同，光的方向也被改變了。因此，我們看到的物體是折射過的。

空氣

水

哦哦，好像很有道理。

► 因空氣、水等介質的差異，光行進的速度也不一樣。

牛頓的粒子說在當時得到了廣泛認可，

這是因為牛頓解決了一個長久以來無法解答的問題。

就是「對顏色的認識」。

真是太偉大了。那麼我們應該怎樣認識顏色呢？

妳連這個都不知道嗎？

切！

我們平常看到的光是從太陽來的，我們把它稱為白色光。

白色光穿過三棱鏡時，會產生七種顏色的彩帶。

這道彩帶光再穿過三棱鏡時，又會變成原來的白色光。

透過實驗，我發現原來白色光匯集了所有的顏色，

粒子說也可以用來解釋物體呈現出的顏色。

為什麼物體會呈現固定的顏色？

因為物體經過光的照射，反射其中一種顏色的光大於其他顏色。

我反射了紫色光的粒子，所以我是紫色的。

我是紅色的。

正確！

牛頓的學說得到了認可。

粒子說在當時可以用來解釋光的現象。

聽說他還發現了萬有引力定律？

聽說他還設計了反射望遠鏡呢。

牛頓真是太偉大了！

雖然牛頓的粒子說可以清楚解釋顏色，

他是發現彩虹原理的人！

但是18世紀的歐洲對於粒子說卻出現分歧。

我不太贊成牛頓的粒子說。

原來惠更斯支持波動說啊！

妳怎麼知道的？我從來沒對別人說過！

妳真不簡單啊。

你剛才不是說不太贊成嗎……

哎喲……妳真是的！

我……我會保守祕密，我保證！

這個人領悟力太好了，太讓人起疑了。

但是，妳知道的只有一小部分。好吧！我來詳細解說。

太好了。

聽好了，雖然光朝著一個方向發光時，光的粒子不會發生任何變化，

但是，如果從兩個方向照射火光，會發生什麼變化呢？兩個方向的光一定會有交會點，對吧？

當然。

171

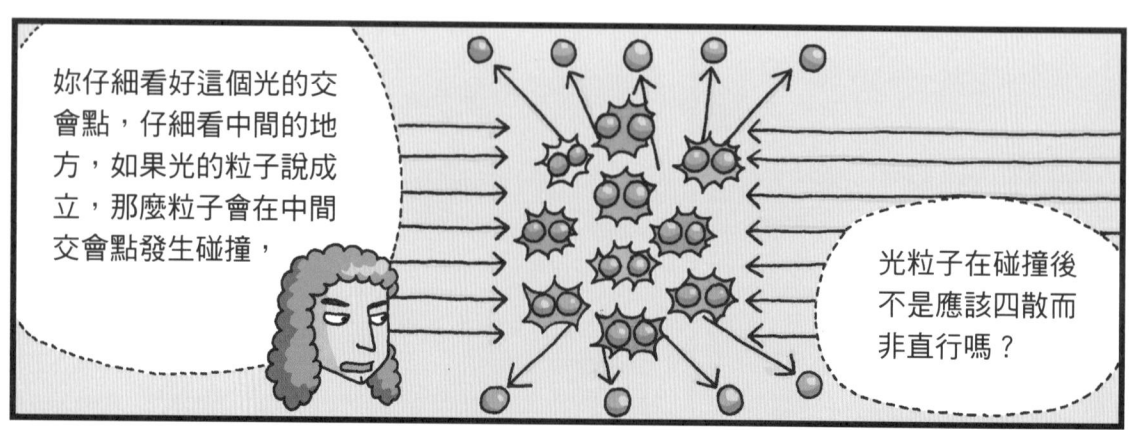

妳仔細看好這個光的交會點，仔細看中間的地方，如果光的粒子說成立，那麼粒子會在中間交會點發生碰撞，

光粒子在碰撞後不是應該四散而非直行嗎？

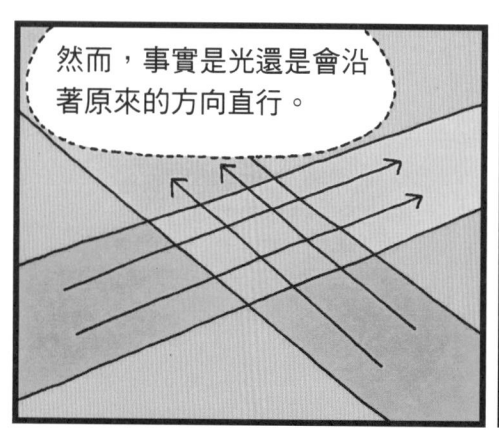

然而，事實是光還是會沿著原來的方向直行。

就好像我們在水面激起兩個波紋時，

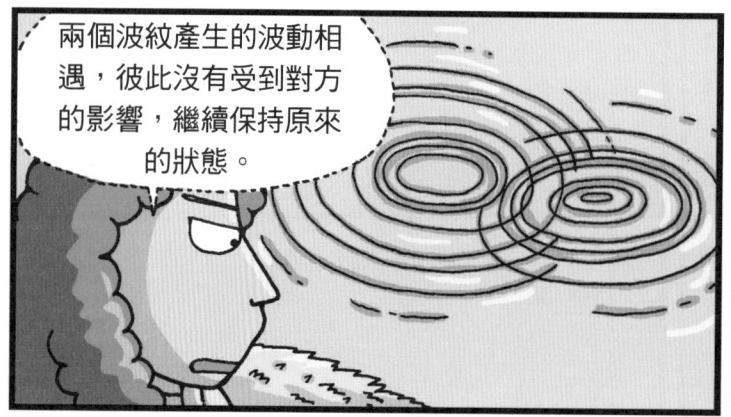

兩個波紋產生的波動相遇，彼此沒有受到對方的影響，繼續保持原來的狀態。

好了，怎麼樣？這可是粒子說不能解釋的。

還有，就像吹肥皂泡，外部產生水薄膜的時候，仔細觀察一下就會看到薄膜上有許多種顏色。

這種現象用粒子說就無法解釋了。

嗯，雖然如此……

★關於虎克的故事，請參考第五冊。

波動說加油！
呼呼呼

喂！我有一個波動說方面的問題。

什麼問題？

說清楚一點。

怎麼，妳想挑戰我嗎？

說啊！

呼嗆呼嗆

……

其實，也不是什麼難題。

我們一般會把波動跟水面或是聲音聯繫在一起。是不是波動必須在水或是空氣中才能作用呢？

這個嘛……

怎麼又是這個問題？

又是這個問題？

嗯，之前有很多反對波動說的人提過這個，

現在讓我們明確解釋一下吧。

乙太是宇宙中的一種物質，原來的意思是「乾淨純潔的大氣」，是亞里斯多德使用過的概念，

這裡的意思是指充滿宇宙、可傳播光的物質。

真是這樣呢。

我們也認為有媒介物質，

並且還為這個物質取名叫「乙太」。

宇宙中的物質？能不能說清楚一點？

呼噠

什麼？什麼？

問題真多……

真的有乙太嗎？

也沒有證據證明乙太不存在啊，而且光具有波動的性質。

知道了。那麼，乙太與空氣是不一樣的吧？

當然不一樣，乙太不會影響運動中的物體。

它一種是數量很少，體積非常非常小的粒子。

這是為什麼呢？

因為光的速度非常快。如果沒有這些小粒子，光就無法快速的傳播。

光的波動是因為小粒子的振動，

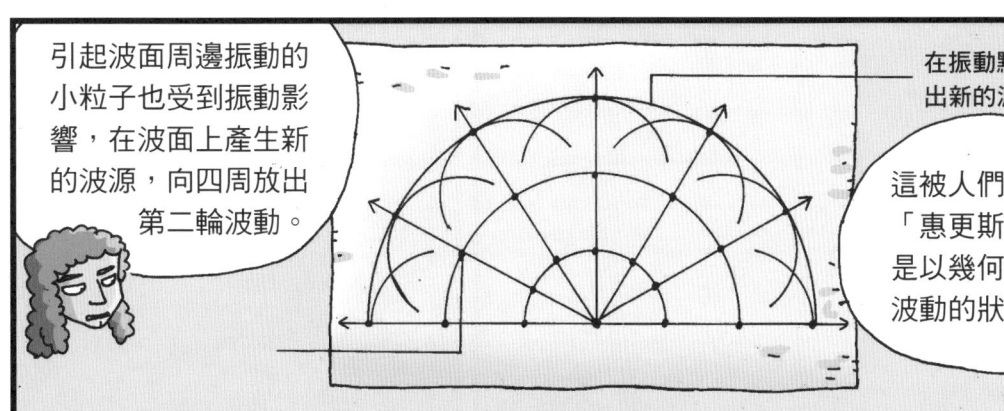

引起波面周邊振動的小粒子也受到振動影響，在波面上產生新的波源，向四周放出第二輪波動。

在振動點上發散出新的波長。

這被人們稱為「惠更斯原理」，是以幾何學記錄波動的狀態。

使用惠更斯原理可以順利的解決光波動的反射和折射等問題。

光的波動面

光的反射←

光的波動面

光的折射

怎麼樣？波動說是不是可以解決許多問題？

是啊。

但是有很多人質疑我們的波動說理論。

特別是牛頓所在的英國，反應非常激烈。

太奇怪了！

說不通啊？

我可以提問嗎？

我也有問題！

什麼？牛頓！

呼呼呼

哎呀！

你太不小心了。

來啊！來問啊！

我……我可以先說嗎？

呼——

但是也算是個問題！

你說的那個例子是因為海浪比堤防大而發生的現象。

而光的波長比物體小很多，不會出現從後面透進來、超越物體的現象。

我們的理論還是可以解決許多問題的。

好了！下一位提問者。

呼喝呼喝

我……我比較認可牛頓對顏色的解釋，波動說有沒有關於顏色的理論？

怎麼又說牛頓？

開火！

還是先擋一擋吧！

開火！

擋好了嗎？

你……你不打算回答我的問題嗎？

啊，當然……不回答！

★艾德蒙‧哈雷：英國天文、地理、數學、氣象及物理學家。

179

你不是說光的波動在高密度的介質中進行得比較緩慢嗎？

是的。

那麼，如果波動從密度高的介質中移動到密度低的介質中，

可能。

光的波動速度會變快嗎？

應該會吧。

在高密度介質中速度慢

在低密度介質中速度變快

那麼讓速度變快的力從哪裡來的呢？

這個，這個嘛……

呃—

惠更斯，你能不能過來幫幫我！

噢，飛來一隻漂亮的蒼蠅……嘿嘿～

我為了這個問題，晚上都睡不著覺呢。

哎喲！牛頓的朋友真是煩人！

你提這麼難的問題是不是想詆毀波動說？

不……不是的。我是真的想知道答案。

呼呼呼

啦啦啦

不可原諒！

你誤會啦！

開火！

如此對立的波動說和粒子說都沒有對光做出合理的解釋……

啊……結果還是打起來了。

波動說

粒子說

藉助牛頓的名聲，粒子說在18世紀成了主流學說。

哈哈哈

粒子說

但光的波動說在1801年的楊[1]氏實驗和1816年的菲涅耳[2]實驗之後，得到證明。

1 托馬斯‧楊：英國物理學家。　　2 菲涅耳：法國物理學家。

波動說再次成為了主流學說。

波動說

之後，粒子說很長一段時間沒有得到發展，

直到1905年，愛因斯坦*發表了「光子說」理論，新的粒子說才再次復活成為主流學說。

那麼波動說是不是就被廢棄了？

不是的，最後這兩種學說都被現代科學所認可。

★愛因斯坦：猶太裔物理學家。

人們認為光同時具有粒子和波動的性質。

什麼？得出這樣簡單的結論，真是意外啊。

真不知道我們當時為什麼吵那麼激烈。

嗯，是啊！

粒子說

波動說

好了，17世紀的物理學就介紹到這裡，讓我們開始下一個話題吧！

這就結束了嗎？

還有很多研究領域沒說呢。

還有很多有名的科學家沒有介紹呢。

這時的數學性接近法*經由多位科學家的努力得以被認可，

成為了下個時代科學發展的主導方法。

★數學性接近法：以數學的方法和理論來研究科學的方法。

182

科學革命生物學

解剖學與顯微鏡
的運用

由於解剖學和顯微鏡的使用，生物學
得到進一步的發展。

我們可以透過解
剖進行觀察，眼
睛看不到的則
可以透過顯
微鏡來觀測。

嘿嘿！真是
滴水不漏的
研究。

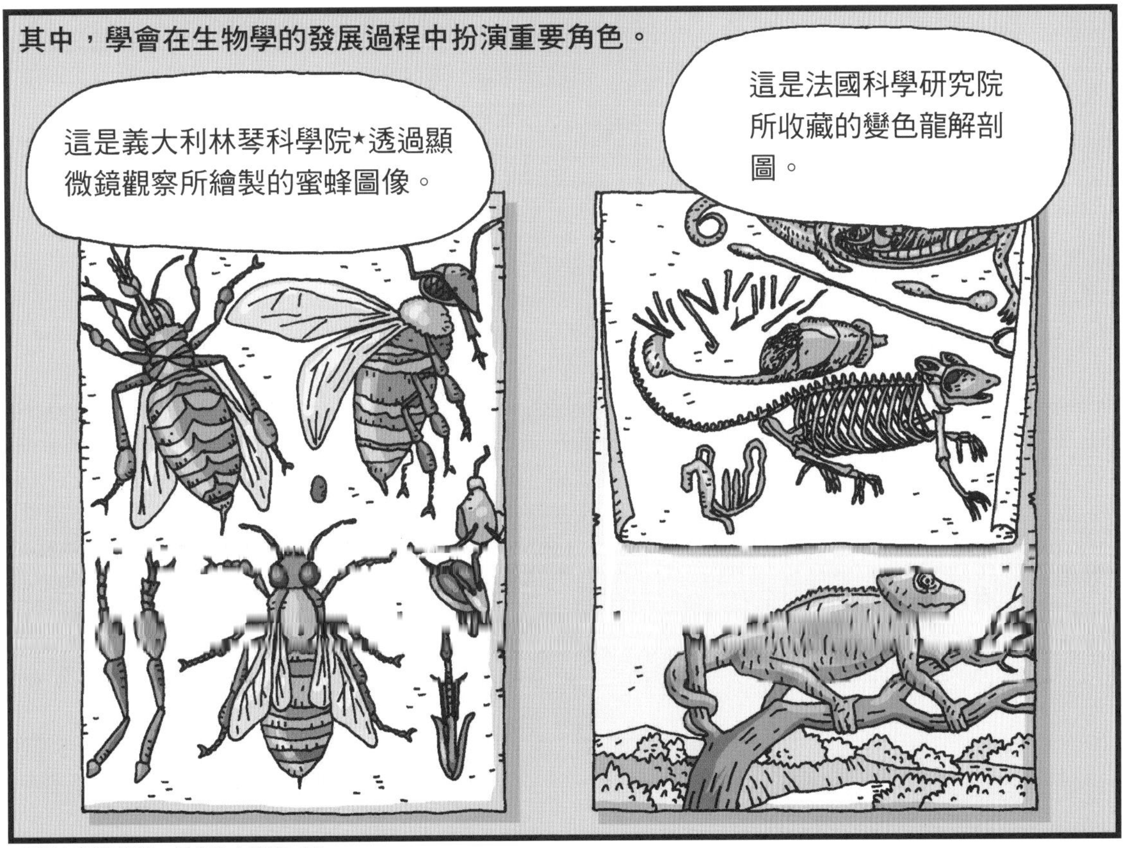

其中，學會在生物學的發展過程中扮演重要角色。

這是義大利林琴科學院★透過顯
微鏡觀察所繪製的蜜蜂圖像。

這是法國科學研究院
所收藏的變色龍解剖
圖。

★關於林琴科學院，請參考本書第49頁。

您現在看到的就是
「解剖展示場」。
在這裡可以直接進
行解剖。

解剖展示場就如其
名，人們可以自由
進入並進行解剖觀
察。

需要買門
票嗎？

在解剖展示場內可以看到動物的標本和骨骼。其中還有人類的骨架,人們稱之為亞當和夏娃。

這時期還興建了許多植物園。

最有名的植物園是1626年在巴黎建造的「國王花園」。

路易十三

是我的,是我的。

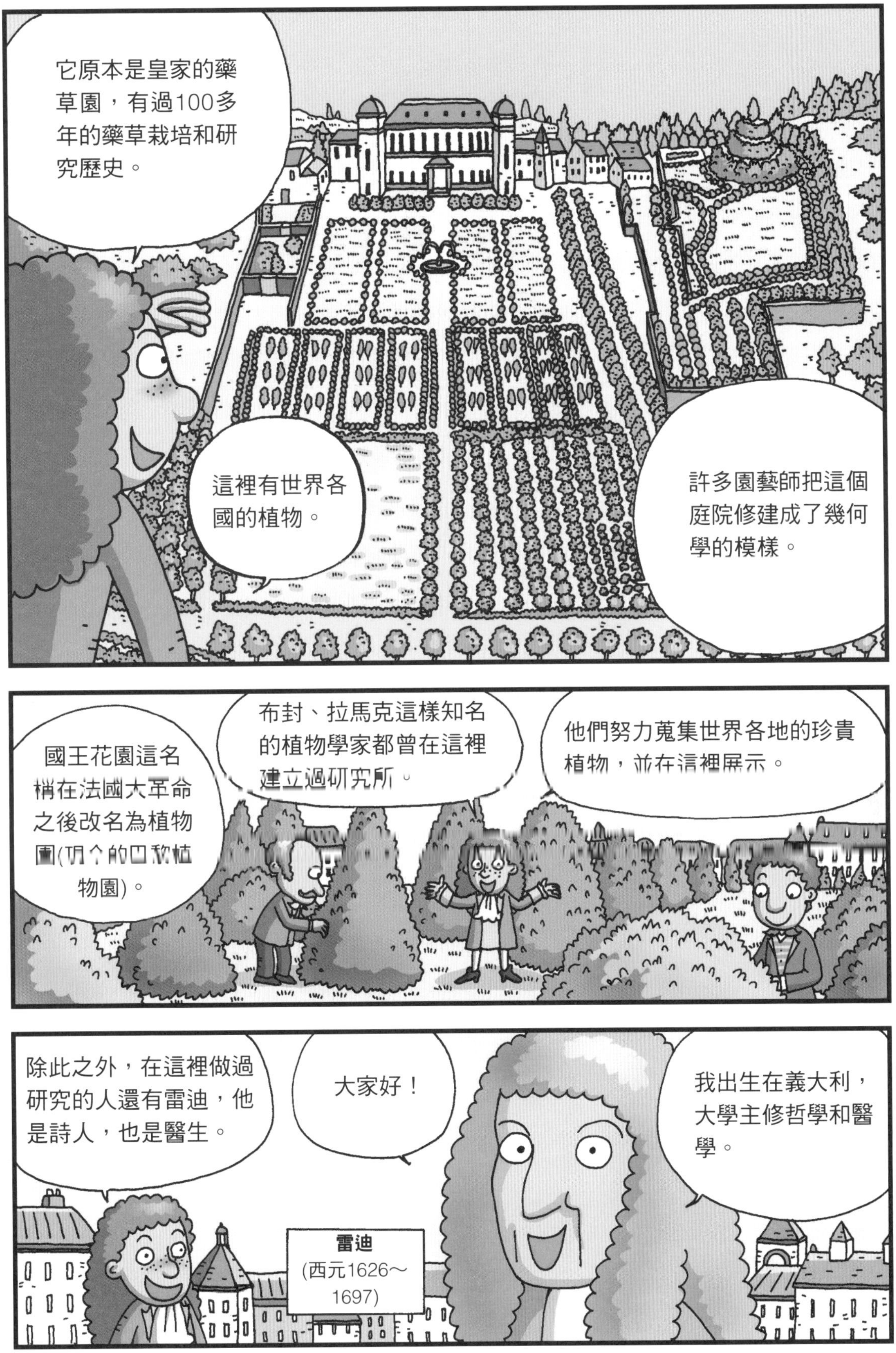

我主要研究的是昆蟲、毒蛇和寄生蟲。

我對這個時期人們批判的自然發生說★產生了興趣。

什麼，蛆蟲會自然生長？

哼！這怎麼可能！

★自然發生說：對生物來源的假說，認為生物是直接從無機物中自然產生的，又稱無生源說。

人們並沒有找到證據，只知道相互詆毀。

那你說一下不會自然發生的證據～

自然發生論者

突突

這個嘛……你知道嗎？

雖然我也不知道……

我要站出來說明一切。

砰！

證據

證據就是研究腐肉中怎樣產生蛆蟲的實驗結果。

昆蟲實驗

把一塊新鮮的肉放在密封的網裡，讓蒼蠅飛不進去，

結果肉塊腐敗後，沒有出現任何一隻蛆蟲。

這項實驗對自然發生說造成了重創。

哎唷！哎唷！

我最大的貢獻就是否定了自然發生說。

但其實，我相信自然發生說的某些部分。比如內臟中的寄生蟲和在植物蟲癭★上生長的蟲子。

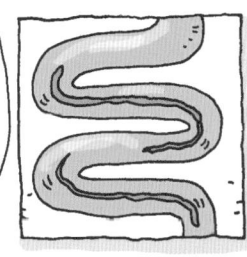

蟲癭

這個怎麼看都覺得不會有長蟲子的機會。

★蟲癭：植物組織受昆蟲分泌物的刺激，細胞加速分裂而長成的一種畸形構造，一般出現在枝、葉、根等地方。

所以自然發生說沒有被完全否定，對吧？

現在是這樣沒錯。但是在我之後，還有很多人做了相關的實驗。

有人做了把牛肉湯放入瓶中，蓋上蓋子加熱30分鐘的實驗。

J. T. 尼達姆★

★J. T. 尼達姆：英國天主教牧師。

在其中還是發現了微生物，於是再次擁護起自然發生說。

等等！

J. T. 尼達姆的實驗錯了，他並沒有關緊蓋子。

拉扎羅‧史巴蘭贊尼★

★拉扎羅‧史巴蘭贊尼：義大利生物學家。

而且，從低溫開始加熱當然會產生微生物。

我知道之後，重新再做一次實驗，結果當然沒有產生任何微生物。

真的嗎？

步驟看起來都一樣啊……

實驗就這樣反反覆覆的進行，偶爾也會失敗。而這段時間內自然發生說與生源說★則輪流占有學術主導地位。

1860年，法國科學研究院為了解決這場科學爭論，懸賞能夠明確解釋自然發生說的實驗。

什麼啊？

有獎金啊……

懸賞

★生源說：認為生物會出現一定有父母存在的理論。

巴斯德★在鵝頸燒瓶中放入肉湯加熱，證明不會產生任何細菌。

這個實驗推翻了自然發生說。

→ 微生物只是落在彎曲的瓶頸上。

★巴斯德：法國微生物學家、化學家，微生物學的奠基人之一。

上面的這兩個學說會在下一冊介紹給大家。

我再介紹一位這個時代偉大的生物學家。

哦，他已經來了啊。

史瓦姆丹出生在荷蘭，是博物學家和生物學家。

史瓦姆丹
(西元1637～1680)

史瓦姆丹！
讓大家看看你的臉。

咯吱

史瓦姆丹的父親是藥劑師，喜歡蒐集古董。

史瓦姆丹在幫助父親蒐集古董的同時，對博物學產生了濃厚的興趣。

咦？到哪裡去了？

史瓦姆丹？
怎麼不見了？

喂，你有沒有看到剛才站在這裡的人？

那個人本來就不常在家。你可以去那邊的牧場或是草坪上找找看。

史瓦姆丹雖然學的是醫學，但從未當過醫生。只是對研究小動物和昆蟲感興趣，所以經常去草地或是山上。

他有營養不良和憂鬱症，也許是因為太累了。

我找不到你了！

喂，你在哪裡？

史瓦姆丹的研究成果非常傑出。對於小動物和昆蟲的研究幾乎沒有人可以超越。

顯微鏡下觀測到的食蟲虻

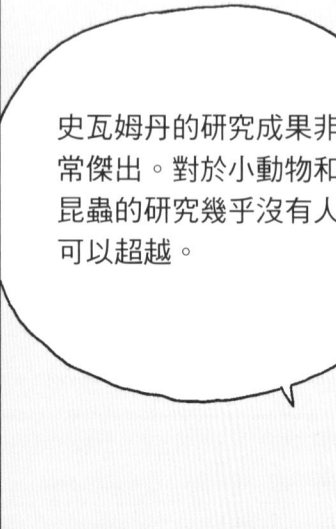
蠍子觀測圖

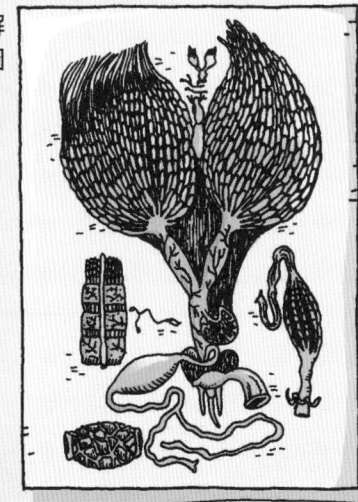
蜜蜂解剖圖

這些圖是史瓦姆丹去世後，一位叫作H. 布爾哈夫的醫學家將他的論文翻譯成拉丁文於《自然聖經》中刊登。

除此之外，史瓦姆丹還用顯微鏡發現了紅血球細胞，

快點出來吧！

我不會打你的。

還找到了即使肌肉變形，其大小也不會改變的證據。

還反駁了蓋倫★所提出的肌肉收縮言論。

唉，還是讓我來幫你吧。

找到你啦。

哎呀，終於找到你了。

★關於蓋倫的故事，請參考第一冊第104頁。

從現在開始我要好好監視你。

你不幫我們解說了嗎？

我太忙了！你幫幫我吧！

好吧。史瓦姆丹努力研究的蒐集品太珍貴了。

當地人雖然想留住史瓦姆丹，但卻被他拒絕，因此引起了人們的反感。

托斯卡納★公爵

那傢伙！

你再消失一次試試。

史瓦姆丹最後死於貧窮和疾病。

又消失了。

★托斯卡納：1569－1859年間，位於義大利中部的國家。

在那裡！

17世紀的生物學就這樣結束了，既簡單又沒有系統。但這段時期的觀測和理論卻為下個世紀的科學發展奠定了基礎。

快抓住他！

科學革命的發展是不是很精采呢？
這個時期的科學研究可不只這些喔！
一起期待【漫畫STEAM科學史5】
更多有趣的科學故事吧！